家具手绘

西班牙高等艺术院校专业绘画课程

东舍 刘璐 译

U0201308

人民美术出版社
北京

图书在版编目（CIP）数据

家具手绘 / (西) 里卡德·费雷尔·贝拉斯科, (西)
玛丽亚·费尔南达·卡纳尔编绘 ; 东舍, 刘璐译. -- 北
京 : 人民美术出版社, 2018.12
　ISBN 978-7-102-07921-9

　Ⅰ.①家… Ⅱ.①里… ②玛… ③东… ④刘… Ⅲ.
①家具—设计—绘画技法 Ⅳ.①TS664.01

　中国版本图书馆CIP数据核字(2017)第275988号

著作权合同登记号：01-2013-6416
Original Spanish Title: Dibujo para diseñadores de muebles
© Copyright ParramonPaidotribo—World Rights
Published by Parramon Paidotribo, S.L., Spain
This simplified Chinese translation edition arranged through THE COPYRIGHT AGENCY OF CHINA

家具手绘 JIĀJÙ SHŎUHUÌ

编辑出版　人民美術出版社

（北京市东城区北总布胡同32号　邮编：100735）

http://www.renmei.com.cn

发行部：（010）67517601

网购部：（010）67517864

翻　　译　东　舍　刘　璐
责任编辑　薛倩琳
版式设计　张芫铭
责任校对　马晓婷
责任印制　胡雨竹
印　　刷　北京缤索印刷有限公司
经　　销　全国新华书店

版　次：2018年12月　第1版　第1次印刷
开　本：710mm×1000mm　1/16
印　张：12
印　数：0001—3000
ISBN 978-7-102-07921-9
定　价：78.00元
如有印装质量问题影响阅读，请与我社联系调换。（010）67517784
版权所有　翻印必究

Text:
RICARD FERRER VELASCO
Drawings:
RICARD FERRER VELASCO
Photographies:
NOS & SOTO
CUBIERTA: CORTESÍA DE
FRITZ HANSEN

家具手绘

TECHNIQUES FOR FURNITURE DESIGNERS

东舍 刘璐 译

人民美术出版社

目　录

前言

　　家具设计的特殊功能使其在开发方面与其他类型的产品有所不同。家具设计师是专业人士，他们通过一系列守则和一种经过几个世纪的巩固建立起来的语言来处理他们的方案。绘图是家具发展的主要工具。

　　因此，本书的目的在于为专业人士提供指导，并展示应用实例。

　　提供给客户的大量传统手绘图纸已经被新的计算机软件所取代。然而，手绘仍然是关键的起点，它能够快速捕捉灵感闪现的惊喜瞬间。一条线在纸上开始漫长的路程，直到生成一个真正的产品。

　　图纸使理念直观可见。设计者总是在设法减少从草图到实际产品之间的距离，并由此发展出了一系列技术和方法，使他们能够验证并准确传达所构想的内容。

一件家具在被使用时能得到充分的意义，而手绘是把可视化的家具和用户相连接的理想工具。纳尼·马奎纳绘制的Tapete边桌素描草图。

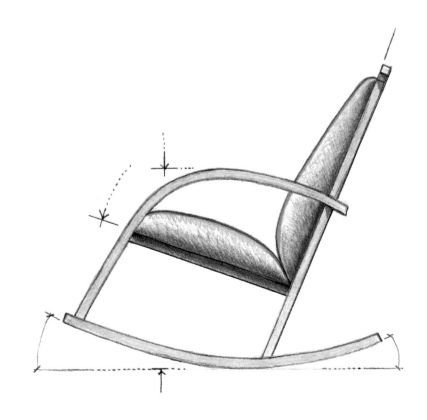

起初，绘制家具是与建筑密切相关的行为。实际上，绘制的草图正是家具制作过程的一部分，或者说在大脑中制造家具的过程。并想象着木匠、木头、工具，以及整个制作的流程。设计一件物品需要将各方面协调糅合，如形状、功能、过程、技术、成本等等。它们都是谜题的一部分，而这些产品应当建立在一个普世的理念之上。这些元素融合到一起，以明确而精准的方式使得这个共同理念成为现实，并且他们必须以明确和精准的方式使其可行。尝试在技术上以建设性的方式体现该理念，专业卓越性很大程度上取决于此。

本书涵盖手绘技法和产品开发指南。如果通过本书能够让提升读者对家具及其周围环境的观察能力，我们将深感欣慰。

里卡德·费雷尔

巴塞罗那，1968
西班牙巴塞罗那高等设计工程学院、巴塞罗那莱里达艺术设计学院工业设计师，南安普顿大学温切斯特艺术学院艺术设计专业、设计研究专业教授，工业工程设计项目教授，巴塞罗那高等设计工程学院硕士研究生导师。
他与家具行业的关系在与卡尔斯·瑞亚特五年的合作中进一步加强。卡尔斯是他在该行业的领路人，他们共同设计了许多特殊家具项目。从1994年开始，里卡德·费雷尔在很多领域以独立设计师的身份工作，并专长于家具、照明、卫浴、产品和广告等领域。他的工作受到了多方肯定，最为突出的是曾获ADI三角洲设计大奖提名（2011、2007、1997、1995），并且获得家居博览竞赛一等奖（2003、2001）和瓦伦西亚家具展设计节的二等奖（1997）。

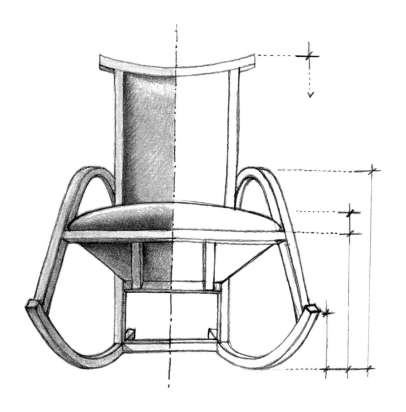

瑞亚特摇椅立面图，诺尔（Knoll）生产，彩色铅笔绘制。

绘画的工具及材料

一条线可以连接世界，一条线也可以分裂世界，绘画是美丽而可怕的。

——爱华多·奇依达

绘制家具

里卡德·费雷尔
沙发研究，马克笔绘制

的工具

家具手绘所使用的工具与其他设计或建筑领域中使用的工具没有太大的差异，有必要记住，过去三百年来的许多家具史都是由建筑师写的。

传统的家具设计师们根据直视图来决定方案，模拟材质和光影。他们使用的工具与同时代的建筑师们使用的类似。

然而，新的准则和新的先进工具的引进，或是从别的行业的借鉴总是来得很晚。本书的第一部分将对用于绘制家具设计图的一般工具和材料做一个简要的回顾。

绘画工具：铅笔和圆珠笔

石墨铅笔

石墨铅笔是在勾勒线条和结构时使用最多的传统基本工具。它的突出优势是铅笔芯有多种硬度。硬芯铅笔用字母"H"表示，最高为9H，石墨铅笔可以绘制又细又轻的基准线。中等硬度的铅笔用字母"F"和"HB"表示。这一类铅笔平时用得最多，主要用来强调最终的线条。软芯铅笔有"B""6B""EB""EE"很多类，主要用于绘制设计图的大面积阴影。

自动铅笔

相对于传统铅笔来说，自动铅笔绘制的线条具有更好的连续性。其笔芯硬度与传统铅笔是一致的，并且可以更换。自动铅笔同样根据笔芯的硬度进行分级。粗笔芯直径从2毫米到7毫米都有，可削尖，主要用于艺术绘画。细芯的自动铅笔直径分别为0.3毫米、0.5毫米、0.7毫米、0.9毫米，主要用于设计图和绘制技术细节。

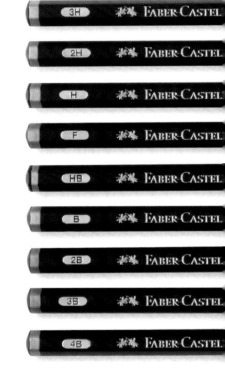

一般来说，笔芯的硬度标注于铅笔的上部侧面，硬度标准采用几家主要生产商的标准。

自动铅笔可以更换笔芯，改变笔芯硬度，甚至是颜色。挑选一整套可以更换笔芯的彩色铅笔很有用。

彩色铅笔

　　彩色铅笔是从草图到最终设计完成的各个阶段都会用到的工具。在挑选时，应当考虑专门用于艺术绘画的彩色铅笔套装，一般来说这一类的笔芯最软。挑选时要注意不同铅笔的区别，并确定哪一种更能保证线条的坚韧性以及混合颜色的能力。水溶性彩铅也是一种选择，它能为创作增加一些有趣的可能性。

圆珠笔

　　圆珠笔最早是用于书写的工具。在绘画中，圆珠笔主要是在前期阶段使用，可以进行细节绘制和素描，有着清晰明亮的特点。市面上销售的圆珠笔有按不同粗细分类的，也有一套包含各种基本颜色的。通过练习，图案会更成熟，线条的深浅和细微差别能把握得更好。其不便之处主要在于线条无法擦去。中性笔是一种新近出现的混合类的笔，这种笔一经出现就十分流行，几乎取代了传统圆珠笔的地位。中性笔主要的弊端在于由于压力的问题会令线条的细微差别变得不明显，其优势在于画出的线条较为流畅且干得很快。一些品牌提供了丰富的颜色范围和多种粗细的笔尖供选择。

一盒包含了很多颜色的圆珠笔是很值得的投资，因为可以用很多年，值得花时间去挑选。

任何一种工具都能绘画，甚至是最便宜的圆珠笔。这里的工具还包括新生代的产品：直液式中性笔。选择一直都是个人化的。

色彩媒介

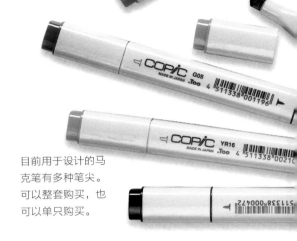

目前用于设计的马克笔有多种笔尖。可以整套购买，也可以单只购买。

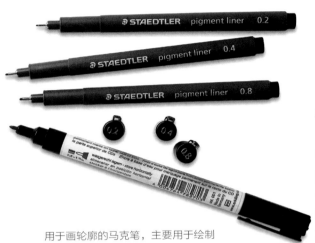

用于画轮廓的马克笔，主要用于绘制传统技术线条，它们使用起来更加灵活。

一套颜色齐全的色粉可以简化调色的步骤，可以提供明亮的颜色，并为浓重的阴影区加入不同的色调。

马克笔

马克笔出现于20世纪60年代，现今已应用于各个行业。用于绘画的马克笔主要包含在以下两种产品分类中。

◎ **用于绘制技术图纸的马克笔**。细笔尖，易于绘制连续精确的线条。该种马克笔是用于起草技术方案的中国传统水墨绘图机的替代品。它们的精确度一致，且马克笔画出的图更加干净，避免了墨水可能发生的不可预期的状况，省去了填充墨盒的麻烦。

◎ **用于绘制草图和效果图的马克笔**。该种马克笔装有毡尖或是其他合成材料的笔尖，利用毛细管导流墨水。还包括圆笔尖、斜笔尖以及能够顺应画笔走势的灵活笔尖。

最专业的马克笔包含上百种颜色，甚至包括专门的冷灰色和暖灰色。它们一般是单独购买。同一只笔最多可以更换三种不同的笔尖。

色粉

一般来说，色粉和彩色铅笔、马克笔一起使用，主要用于一些需要混合的画面。在绘制有大面积阴影的图时能产生较好的效果。

在使用蜡笔之前应当有预先的规划，应当考虑到表现物体时所要采用的各种技巧。

与彩色铅笔类似，色粉也因品牌的不同而存在一些差异。应该选择较干燥的色粉，因为由这种笔绘制的作品会更加清爽。同时在完成作品后，一般都会喷上定画液以防止画面受损。

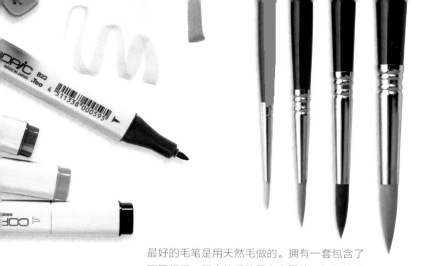

有些马克笔生产商推出了一些能将墨水与笔分开销售的产品。这样就可以循环使用一支笔。这种方法可以延长马克笔的使用寿命。

最好的毛笔是用天然毛做的。拥有一套包含了不同粗细、厚度的毛笔是有必要的。短柄的更受欢迎，因为它们十分适合桌上工作。

水彩画

"水彩画"这个词来源于拉丁语，意为某种利用纸的颜色作为白色，以用水稀释颜色的技巧为基础的画种。

水彩画的颜料有几种类型：固体颜料，所谓的块状颜料，还有管装颜料。水彩画是一种传统的技法，其主要特点就是干得快。画水彩画需要技巧和熟练度，因为它无法修改。水彩画十分透明，每一层都无法遮盖前一层的颜色。

水粉画或蛋彩画

水粉画常与其他材料混合使用，尤其是需要高光和亮色的情况。如果在最后应用时需要颜色的修改或增加不透光度，也可以使用水粉颜料。与水彩颜料不同，蛋彩颜料能盖住之前的颜色。

块状的固体水彩画颜料和管状颜料在表现上很类似。

水粉画或蛋彩画只需要拥有三种主要的颜色（青色、品红色、黄色），以及另外两种中性色（黑色和白色）就可以创作。使用这些颜色可以调配出其他各种颜色。

纸和支撑材料

市面上纸张的种类很多。如果不需要按照绘画技巧来选定纸张，那么设计者个人的偏好就是决定因素。

设计草图需要质量上佳的纸

以绘制草图为目的纸一般是挑选质量好或是克数较重的纸（80g/㎡）。

一些设计师更喜欢使用速写本。它是笔记本的一种，有不同形式出售，能够保证作品的延续性和计划的有序性。较小的速写本更便携，使你在任何情况下都可以工作。

最终效果图用纸

这种纸的挑选取决于要使用的技巧。比如，使用马克笔的纸一般要有一些重量，纸面光滑柔软，吸水性好，能够保证线条干净无瑕疵，保证色块均匀。如果使用湿画法，比如水彩画，则应当倾向于使用艺术用纸，这类纸克数很重，能够承受水彩。

最好的选择就是对各种手法及支撑物都进行实验，甚至包括在一般不用于绘画的纸张上实验。这项展望性工作能够产生令人惊喜的且具有创造性的结果。

丰富的纸张种类令任何一种绘画手法都能实现。根据不同的纸张重量，从半透明的（植物性或羊皮纸）能够进行描摹的纸，到中等重量的能够使用混合绘画方法的纸，再到最重的艺术用纸，能够承受如水彩画般的水基绘画方法。

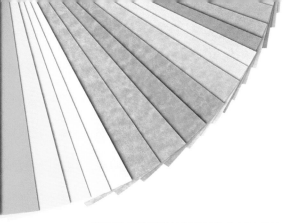

研究非传统支撑材料能够产生新的效果。这样一来，彩色纸，甚至是包装纸也都能够产生意想不到的效果。

支撑材料

泡沫板是最常用的材料，因其硬度和轻便备受好评。此外，泡沫板还十分容易裁切。泡沫板由膨胀的聚苯乙烯和两面的光滑纸板组成。一般泡沫板是按厚度分类出售（3毫米、5毫米、10毫米及更厚），每单位1000mm×700mm，多为黑色或白色。

正确的做法是用黏合喷剂裱贴原画，这样就可以将图纸和纸板同时切割。因此，预先在纸上确定一个剪裁的最小范围是十分重要的。同时也应该经常更换切割刀片，这样切出来的效果才会理想。

材料和原稿的维护与保存

原稿、纸和支撑材料应当在最好的条件下保存。用于储存文档的储物柜是保存材料的理想位置，它有较大空间的抽屉，且高度有限，便于原画水平放置，防止自然光直射。同时，应当考虑环境湿度并且保持温湿度稳定。此外，应当避免原画卷起存放或垂直存放。

黑色或白色的泡沫板，是常用的支撑材料，也可以制作简易模型。对材料进行适当保存十分重要，应当水平摆放。

文档存储柜是最佳的保存绘画材料和原画的家具。

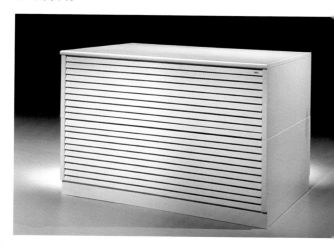

辅助工具

直尺、三角板和弯尺

这些工具能够帮助我们更精确地绘制线条。最常用的是曲尺和三角板，可以使用这些工具绘制平行线，通过这些线的组合能够画出常见角度的扇形。

使用圆形模板能够在不使用圆规的情况下，辅助画出小直径的圆形。还有一些模板用于特别的需求，比如法国梅斯特模板能够辅助绘制椭圆、双曲线和抛物线。椭圆模板用于绘制透视圆柱体。

三分米尺是一种长度为30厘米的尺子，在尺子的两边都有以厘米和毫米为单位的刻度。对于手绘来说，三分米尺是很重要的工具。三棱尺也是类似的工具，但它是在同一把尺子上引入了不同的刻度。当同一图纸中需要在不同的刻度之间转换时，三棱尺非常实用。

几把长尺也是必备的，其中需要有一把金属尺，最短60厘米，可以用于裁纸或剪裁纸板。

辅助测量用具

卷尺是一条可伸缩的金属带，不用时卷起保存，使用时将其拉伸。卷尺的长度不同，建议购买至少三米长的。

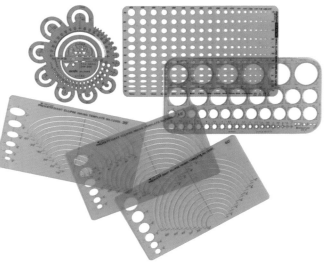

不同类型的模板能够绘制不同的曲线，比如专门绘制圆形和椭圆形的，梅斯特模板能够与之前手绘的曲线很好地衔接。

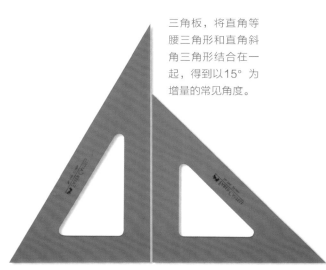

三角板，将直角等腰三角形和直角斜角三角形结合在一起，得到以15°为增量的常见角度。

准备一些分别以厘米和英寸为计量单位的双重刻度的尺子是有必要的。

卷尺

木工折叠尺

倾斜仪

　　木工尺是一种可折叠的尺子，由20厘米长的小段组成，通常长度能够达到两米。大部分是用木头制成，但是也有用其他材料制作的木工尺。

　　量角器测量十六进制（360°）或百倍（400°）的角度。

　　水平仪用于衡量物体的水平状态或垂直状态。对于储物家具来说，水平状态必不可少。通常它们包含铁质调节器，以便准确定位。

　　座椅上的倾斜仪能够精确地确定座椅或靠椅的倾斜程度。

　　卡钳能够精确测量小零件或配件的尺寸。数字卡钳是更为精确的工具。

卡钳能够精确测量家具中使用的零件尺寸。

裁切工具

　　最常见的是切割刀。标准规格是用于裁纸等一般用途，大一些的有更宽刀片的可用于裁切纸板，像手术刀一样的第三种则用于精确徒手切割及小曲线的切割。裁切时应在裁切垫上进行，建议的最大尺寸DIN A2。

其他材料

　　最后还有一些常备的材料，比如：胶带纸、可去除的永久粘接喷雾、色粉和彩铅的固定剂、各种卷笔刀、可调节的圆规和各类橡皮等等。

裁切的基本工具：裁切垫、切割刀和金属尺。

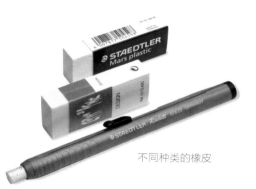

不同种类的橡皮

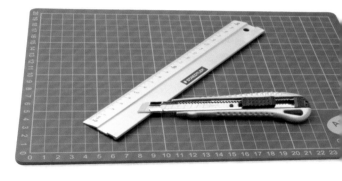

色彩系统是行业的标准，可以确定特定的颜色，保证在生产过程中不出现色差。

家具行业中最常见的色彩系统是来源于工业部门和图形产业。

颜色参考工具

劳尔（RAL）色卡系统

劳尔色卡系统是在欧洲运用最广泛的色彩标准之一。该系统于1927年诞生于德国，最初色卡由40种颜色组成，至1993年，劳尔系统中的颜色发展到了1625种，专门服务于建筑师和设计师们。每种颜色都由一个四位数标识。第一位数代表所属色调，比如，"1"开头的属于黄色，"2"开头的属于橙色，"3"属于红色，"4"属于紫色，"5"属于蓝色，"6"属于绿色，"7"属于灰色，"8"属于棕色，"9"属于黑色或白色。

现在，该公司还提供其他种类的色卡：劳尔经典色卡（RAL Classic，213色），行业标准；劳尔实效色卡（RAL EFFECT），包括金属色；劳尔数字色卡（RAL Digital），加入了不同设计项目和技术制图中所需的颜色。

自然色彩系统（NCS）是在工业绘画领域中广泛运用的工具。

劳尔色卡是工业生产很多部门的默认颜色定义工具。

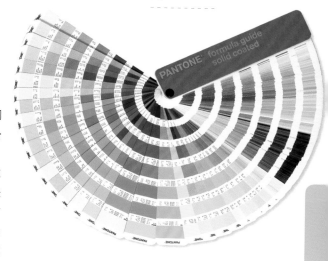

潘通色卡是平面艺术的标准，包括许多用于不同行业的多种产品。

潘通

美国潘通公司成立于1962年，最初该公司是以出售化妆品行业的色卡起步的。如今，该公司已成为平面艺术的标准。

潘通色卡的使用手册中包括通过数字及末尾的缩写字母对颜色的标识。末尾的缩写代表着不同的承印材料。字母"M"代表无光泽的材料，"C"和"CP"代表铜版纸，"EC"表示欧洲标准的铜版纸，"U"和"UP"代表美纹纸，"TC"和"TCX"代表编织物，"Q"代表不透明塑料，"T"是透明塑料，等等。

由于颜色会因光照而逐步褪色，所以建议定期更换色卡。潘通已经将其系统拓展并适应了其他行业，提供特别需要的新产品和色彩范围：实色（Solid），光铜表面用四色模拟专色（Solid to process），金属色（Metallic），粉彩色和霓虹色（Pastels & neons），塑料（Plastic），色彩桥（Color Bridge），CMYK，Goe指南，Goe色彩桥，时尚家居，等等。

移动设备的应用程序应被视为临时参考指南，而不是最终的工具。

其他用于色彩定义的工具

很多材料是与特定的色彩范围产品一起销售的，与劳尔色卡或潘通色卡不一定一致。设计师在其设计过程中用这些标准做参照，比如家具的合成涂层或挂毯纺织品等。

智能手机可以安装一种应用，这种应用通过捕捉图像，使用户了解画面中的色调，不过这种评估不能当作最终的结果。色调的评估判断应该以实物样品为准。

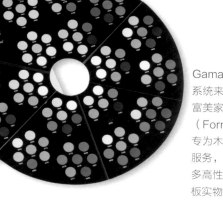

Gama Color系统来自美国富美家公司（Formica），专为木材行业服务，包括许多高性能涂层板实物样品。

该行业中运用的木材和技术始终在不断地丰富，这就大大丰富了设计师的资源范围。

材料与样品档案

新材料

新材料的研发已经成为标准化和控制机制。新材料以产品的形式到达设计者手中，代表了一种对于性能、纹理和表面的一致性的保证。其目标在于清楚地了解每一种材料的用途。

以传统方式选择的材料制成的手工制品，无法保证其在流水线中的连续性。当然，如今要继续手工制造家具也是可以的，但是制造业的某些方面已经占了优势，因为很多工艺和解决方案已经优化了。

混合合成层压板，一些带有金属表面处理和其他混合表面处理的木材和金属板材，是层压板行业向设计师和制造商提供的广泛可能性的最佳范例。

人造饰面板样品，这里指的是模仿天然木皮的面板，一般在存储型家具的内部使用。

不同种类的木质材料，用于制作工业家具的基础部分。

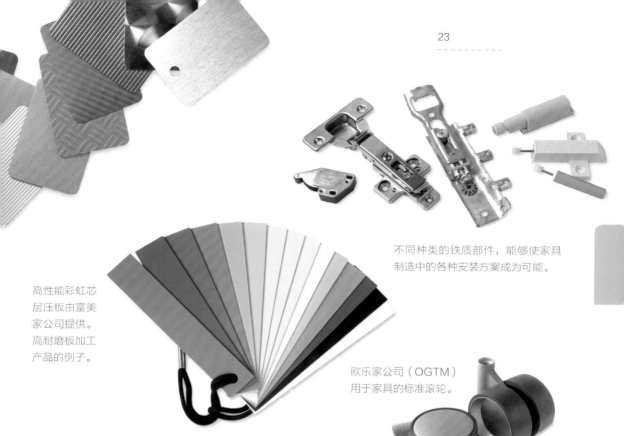

不同种类的铁质部件，能够使家具制造中的各种安装方案成为可能。

高性能彩虹芯层压板由富美家公司提供。高耐磨板加工产品的例子。

欧乐家公司（OGTM）用于家具的标准滚轮。

辅助行业：目录和样本

在家具行业中存在许多的辅助行业，这些行业能够提供各种辅助产品：从设计产品所需的绝大部分原材料到附件，比如钢铁厂。

每个专业工作室都有样品和目录档案，具有代表性和多样性。在家具行业中创新的其中一条路正是与新材料和新工艺密切相关，这些材料和工艺可以增强功用，并被纳入最终的产品中。掌握所有的信息以便应对实际情况是非常重要的。

单单拥有材料的实际样品是不够的，还必须了解其具体参数，从而了解产品特性、销售方式及大致成本，通过这些来判断材料在发展初期经济效益的可行性。

对于天然装饰贴面样本来说，我们建议应保证材料的供给以避免生产中断。而对于铁具，比如铰链、导轨和轮子等，则应当与专业经销商保持联系，定期更新目录。

同时，也应当了解相关经销商和生产商的网站；很多网站上都有电子版的最新产品目录，这样可以避免收集无用的资料。

材料运用于家具的范例：Corian® de Du Pont™公司的一些颜色样品。是由大理石粉尘与树脂压制而成。它们有不同厚度和尺寸，与木工车间常用的工具配合使用。它是一种高机械和耐化学性的产品，常用于家具护罩及表面。这种材料与各部件用胶粘合，几乎看不出接缝，能够制作大尺寸的部件。

数字工具：硬件

专业的工作室会配备强大的数字工具，这些工具可以有效地开发新产品。

对于设计者来说，最关键的设备包括了接下来我们要介绍的这些器具。尽管这些器具在许多其他领域是很平常的，但这里我们所说的是专业级别的。

工作站能够保证那些对图像质量要求较高的软件的高效运行。

电脑

专业领域最常用的数码设备是工作站（Workstations），也就是一种具有强大处理器和显卡的设备，能够保证极高的图像性能。在购买设备之前，应当认真考虑项目的需要。如果正在进行的项目有较大的流动性，则可以选择特点和功能相似的移动设备。

显示器

显示器的种类很多，选择时应当关注显示器色彩优化和校准的能力，也就是说应当挑选能够在屏幕上忠实反映纸上颜色效果的显示器。像素大小也很重要。生产商一般会明确区分家用和专业显示器。建议可以同时使用两台显示器：一台大尺寸的（24或30英寸）用于显示整个工作的主视图，另一台（可以是小尺寸）用于展开显示每个项目的工具菜单。

同时使用两台显示器，能够腾出空间用于组织建立工具菜单。

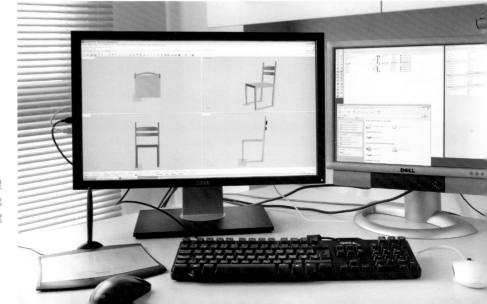

大幅面绘图仪

高质量图像彩色打印机，DIN A3 照片由爱普生提供。

高品质图像打印机

能够进行DIN A3尺寸打印的打印机便足以呈现高品质的演示文稿。估量打印的成本是很重要的。一些看上去很实惠的打印机实际上成本却比较高，因为这些打印机只能使用特别小的墨盒。

绘图仪和大幅面打印机

用于打印1:1比例的技术图。我们建议配备一款打印DIN A1尺寸的作为最小尺寸。一般来说，绘图仪和大幅面打印机无法达到高品质的图像打印，但有一些设备能够保证大幅面彩色图画的打印。

扫描仪

扫描仪是一款普遍使用的基础工具，也是扫描手绘草图和材料样本等工作所必不可少的工具。

绘图板

通过对笔迹的捕捉，设计师可以在绘图板的表面直接使用铅笔或特制触碰笔进行绘制。

一般来说，绘图板会引入很多其他功能，如压力感应等，而这一工具对于绘制工程和图片后期制作用处极大。

扫描仪（DIN A4），将手绘作品输入电脑。

数码相机

数码相机对于一个项目的模型发展来说是至关重要的。

便携数码相机

绘图板对于直接绘制的作品是一个很好的补充，它可以运用图像编辑工具对作品进行润色。

家具设计软件

关于家具行业的软件，我们最需要弄清楚的是在这一行业中不存在一个统一的评判标准，而不同的产品存在着许多明显的区别。一些公司开发具有二维技术绘图工具的产品，许多小型工作室会直接以1:1的比例绘制图纸，以便立即提取可构建家具的模板。

照片逼真渲染是产品设计的常见演示工具。它表现出的逼真感能够遮盖明显的缺陷，可以当作技术文档的补充。渲染使一切"看起来不错"。

发展与技术：绘图软件

另一方面，一些拥有强大开发部门的生产商们运用参数化三维软件（Solid Works、Solid Edge或Pro Engineer等），在产品投入工业生产之前，对产品进行整体规划和验证。

目前生产商们趋向于使用这些最新的工具，它们功能众多，能够在产品投入生产之前进行相关修改。除了管理秩序方面的优势，这些工具还使得技术文件的生成和更新更为便利、迅速和有效。但是使用这些工具的成本及程序维护的费用会较为昂贵。

另一个较为经济的替代方案是使用3D软件（比如3D工作室或犀牛），其中包含强大的渲染和照明模块。当这些程序是合乎逻辑的替代方案时，没有必要对产品的技术开发过度深化。其主要缺点是，它们不是参数化的，因此每次更改都需重新开始。此外，这两个软件应与其他2D绘图软件配合，制定技术规划。

Solid Works程序正在成为专业工作室和技术部门的最常用的工具之一。

McNeel公司的犀牛（Rhinoceros）是一款强大的平面图输出软件。它能在开发初期快速生成效果图。

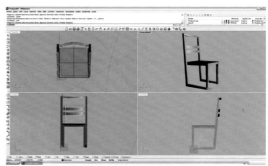

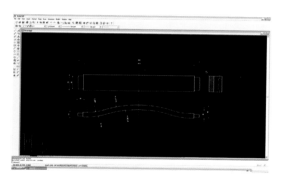

由于传统的2D绘
图工具缺少参数程
序，仍然被作为规
划和编辑的软件在
使用。

渲染是模拟产
品，确定材料
的技术文件的
良好补充。

照片处理与平面设计软件

在设计过程中，一般会使用能够进行项目图
形编辑的程序作为开发工具的补充。最常见的是
用于照片加工的软件（如Photoshop），用于平
面设计的软件（Illustrator或Indesign）和作演
示文稿的软件（PowerPoint）。

掌握这些程序的使用方法十分重要，这样可
以使产品不受太多限制，同时通过调整得到真正
想要的产品。

最后，我们应当认识到直接在电脑上开始设
计工作是不可能的。一般来说，在用电脑进行设
计之前，需要使用传统工具进行准备工作，如概
念图的制作、开发目的等等。

Adobe公司的Photoshop软件是照片加工和图片管理
的最受欢迎的专业软件。通常，在3D软件中生成的渲
染文件是在Photoshop中调整完成的。

Indesign是Adobe公司推出的一款强大的排版软件。
使用它可以编排图片和文本，制作最终的设计文件。

Illustrator同样是Adobe公司的产品，主要用于平面设
计和绘制矢量图。它可能是图形创建方面最灵活最先进
的工具。

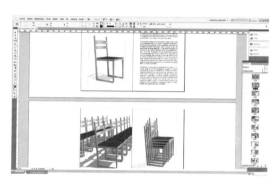

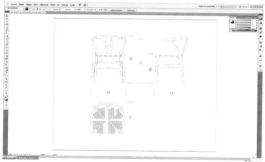

基本素描技法

"图纸即是规划、组织、整合、联想和控制。"

——约瑟夫·亚伯斯

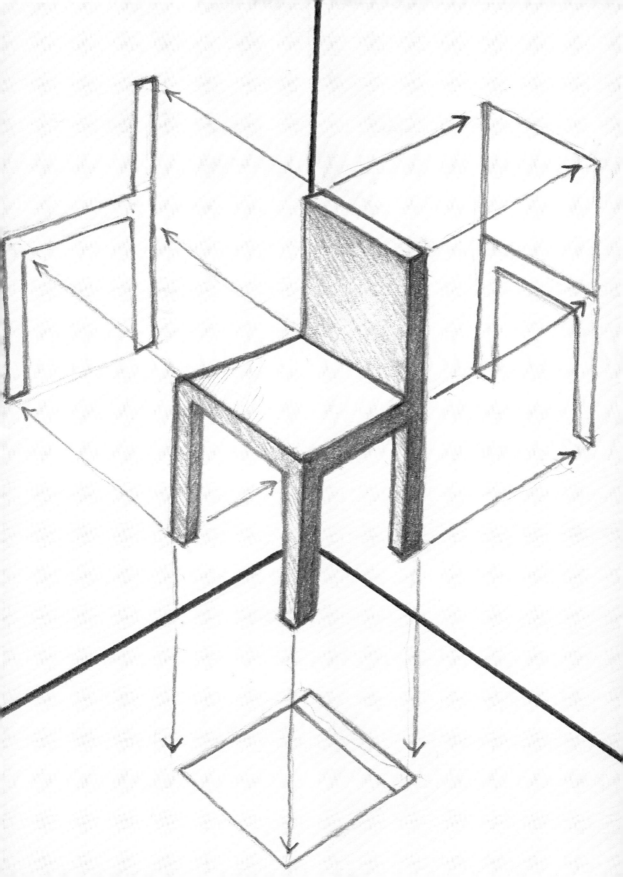

家具

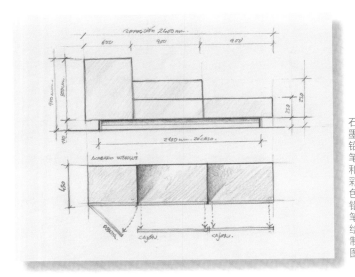

表现手法

我们将通过绘画形式展示或加工某种物品的较为普遍的手法视作基本表现手法。为此，人们创造了各种不同的表现手法，而这些手法都是以各个行业常用的图形规则为基础的，并为家具行业提供广泛认可的行业术语。

这些工具的最终目标是在二维中传输和记录三维的东西。不仅如此，在进行这项工作时还得尽量精确，尽量减少信息的损失。

无论是在草图阶段还是最终的技术平面图阶段，多视点正交图系统和其他各种透视图能够帮助人们完成工作。这些都是设计者用于接近、诠释、讨论和检验项目的基本工具。

正交视图，接近家具的高度

从各种不同的视图来呈现某种物品可以更加完整地展现物品的形式、维度和建筑上的特征。

物品展示的最主要的视图是正交视图，它是将物体所在三维空间的点对应到二维视图平面上的成像。物体每转动90°就会得到一个新视角，最常见的视角包括：前视、侧视和俯视。

这种分配视角的常用方法是从技术绘图的经验中得来的。这三种平面投影图可以帮助了解分布和定位视图的概念。重要的是正确定位视角，使不同高度的关键点可以通过辅助线传递。对于最常用视角，通常有两种投影系统：欧洲系统和美国系统。

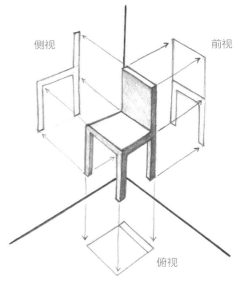

侧视　前视　俯视

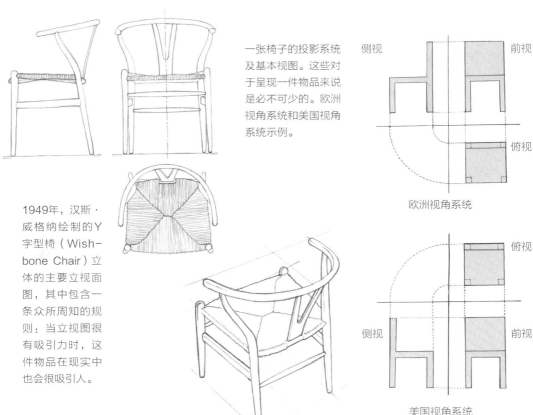

一张椅子的投影系统及基本视图。这些对于呈现一件物品来说是必不可少的。欧洲视角系统和美国视角系统示例。

1949年，汉斯·威格纳绘制的Y字型椅（Wishbone Chair）立体的主要立视面图，其中包含一条众所周知的规则：当立视图很有吸引力时，这件物品在现实中也会很吸引人。

欧洲视角系统

美国视角系统

剖面视图

一些情况下，主视图无法完全反映物体的某些方面。为了使信息完整，我们经常使用剖面视图。

一种剖面视图是按照某张图纸设计的角度切割后的视角进行制作的。这种视图能够使得原本被隐藏的部分变得可见，比如家具各个部分的连接安装处。截面的部分通过45°或135°的斜线表示，此外，截面通常有较粗的外框线。颜色的运用也有助于了解不同部件之间的关系。

同样，如果平面图没有被主轴切割，则建议在下一个视图中标出切割线切割界面的方法。这条线可看作有定向箭头的轴线，确定了观察的方式。

另一个要考虑的因素就是剖面视图应当出现在最需要的地方，应当选择能携带最多信息的关键点进行切割。

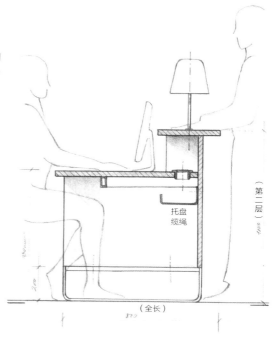

剖面图是很有效的呈现物体结构和功能的平台，而这些在主视图中常常不可视。上图是电线整合示例。

细节

尽管有主视图和剖面视图，有时候还是需要一些细节来提供精确的具体的信息。细节的呈现能够使人们对方案有更加细致和更深层次的了解。细节可以包括高度、材料的注解，以及其他主视图中没涉及到的信息。

剖面视图的细节一般采用1:1的比例呈现。这些细节能够使所有部件都可见，并且对每一个部件在整体中的用途有一个完整的概念。

轴测图能够在家具安装组合之前将其所有部件完整呈现，并指出部件在最终安装时所处的位置。图中能看出部件的数量以及与其他部件的相对位置。

切割或分解图

尺寸

尺寸是为指明家具中各部分的数值而在图中所作的标注。尺寸由两方面构成：间距尺寸线，是用于标明所需要标注部分的平行投影的辅助线；计量，则是表示尺寸的数值。一般用毫米（mm）作为单位，也有一些建筑师和室内设计师选择厘米、米或其他测量单位。建议在视图外标注，这样才能不与图中的线条交叉，不与主图冲突。此外，描述应清楚明了。

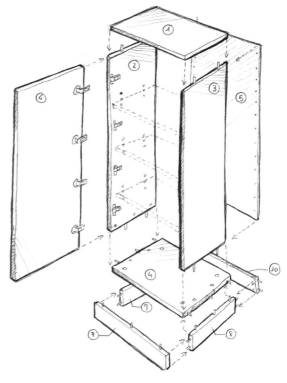

爆炸视图可以让家具的各部件可视化，在开发阶段能够解释家具构造。

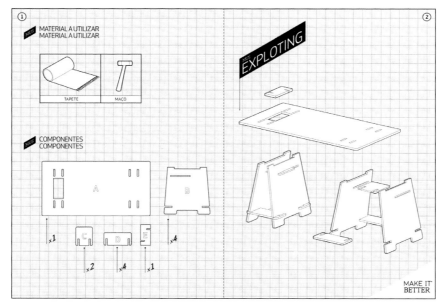

拉格朗哈设计事务所的"Make it better"项目中，爆炸视图成为图形支撑材料。它们的使用借鉴了这个概念的特征。此外，它还扮演了装配指南的角色。

如果按1:1的比例绘制家具的话，则无需标注尺寸。因为在这种情况下的图纸已经包含了家具尺寸和维度信息。过去木匠们都是直接在图纸上标注切割的位置，不做任何记号。尺寸标注应当安排好位置并分类，这样才能有序地解读信息。如果尺寸标注是有序的，那么工匠所进行的每一个步骤都能一目了然。

规模和尺寸参考

设计图的规模决定了细节的程度和对项目的还原度。在一张比例尺为1:10的设计图中，只能表现构成某一家具特色的最主要的轮廓和线条，并不能展示更多的细节。

通常，1:5的设计图用于限定初始材质和调整比例、体积、斜率，也是部分展示。

如果想要精确的视图，以及正式成型为一件物体，那没有什么比1:1更合适了。绘制这样一张大尺寸的设计图可能是一项艰巨的任务，但是这是唯一能够避免错误的方法。这也是推进和预测产品发展的一种方法，因为它能很快探查出尺寸、比例和连接处的误差。

在本书后面的"如何着手设计一把椅子"（见126~127页）章节中，我们会对比例在开发阶段的概念进行扩充。

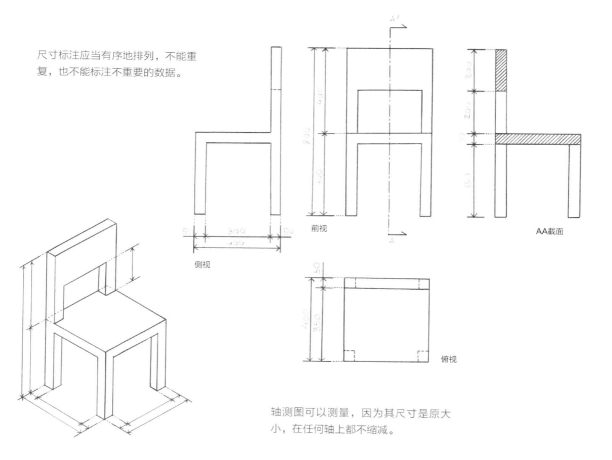

尺寸标注应当有序地排列，不能重复，也不能标注不重要的数据。

前视

侧视

AA截面

俯视

轴测图可以测量，因为其尺寸是原大小，在任何轴上都不缩减。

指南和标准

绘制投入生产前的家具技术图纸，有一些约定俗成的规则。

从基础立面开始，自由地整合不同的资源会很有帮助。对不同资源的运用是设计过程的一部分。

这不仅是省时省力的方法，还有传递某种信息的明确目标。一幅图纸不仅包含信息，还应该像叙述文字一样可以被整理、归类、按顺序阅读。

这样一来，比如在绘制柜式家具时选择了正中的视角，就能展示其内部情况。

正面图即使会掩盖部分元素，如门或抽屉的正面，仍能表现出侧面和背面的关系，以及结构标准。

一把椅子，可以用相同的一半前视图尝试替换不同的背面形式，也可以叠加同一把椅子的两个立面图，并用不同的颜色线条区分开来，等等。

这些自由运用资源的例子告诉我们如何对待家具的关键部分。

如何记录一件家具

徒手绘制已成形的家具，精确标注尺寸，是一个非常好的设计方法。除熟悉每个类型的关键技法、将它们与具体情况联系起来外，这个练习还能帮助我们从各个角度更好地观察家具，比如构建家具的结构和资源范围。

绘制一件家具是一个类似建造家具的心理过程，也应该这样做。

通过训练，可以简化视图和细节的数量，从而完全"解释"一个对象，并在一幅图中"捕获"对象。通过这些练习，设计师习惯于通过其立视图来可视化和"阅读"三维物体。

立视图和剖面图的自由运用能让我们同时获取更多信息，加上色彩会让简单配图显得更真实。

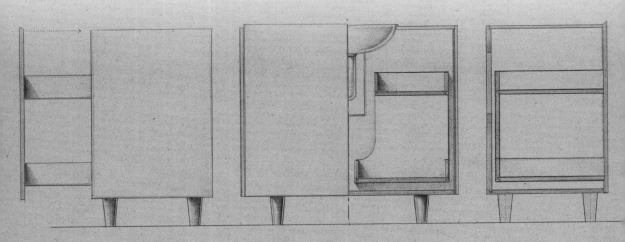

在一幅手绘图中应该包括所有因素。一旦配图画好，应该马上配上标注家具材料和组建信息的透视图。

A细节

250 **Ø22**

450

可丽耐

连续剖面图
要素+现代+语言

栎木

结构图还是技术平面图？

产品或项目的技术图纸是为了确定100%的功能，以便生产。这些图纸遵循一定的标准，意味着生产商、设计师和供应商之间的质量承诺。生产商通常有固定的资料组织格式。

设计师极少制作最终文件。体现设计师正式建设性提案的设计方案或图纸是开发正式技术项目的起点。因此，与其将其作为标准文件，不如将其作为描述性图形文件呈现。

绘制市场公认的设计方案是基础学习的一部分。它是一个最经济的整体设计方案的细节图。在剖面图中可见家具后部最重要的结构。

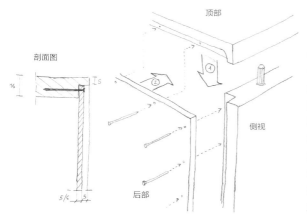

顶部

剖面图

侧视

后部

设计图是传递信息的，而不只是生产资料。其中可以看出设计师的构思，这之后要经过生产技术部门的鉴定，最后被制成商品。

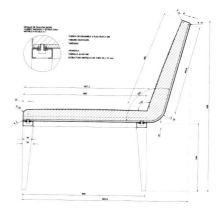

透视图

这一部分并不是对透视进行详细、条理性的研究，而是对常见做法进行分类和聚焦。

透视法的基本原则

立方体是必不可少的元素，它是构建其他更复杂物体的基础。通过接下来的包含两个立方体的椅子，可以说明透视法的基本概念。

轴测投影法

通过正交轴的平行投影表现三维物体，使物体的实际比例和尺寸在三维状态下得以保持。

视角的变化通过绘制三个维度之间建立的角度关系来确定。主要有两种具体的变体，称为正等侧透视（120度轴）和斜轴测投影或斜二侧透视（即一种倾斜的变化，通过两个90度的轴确定前视图）。

不同的轴测投影：正等侧，正二等侧和正三等侧。可以经常利用由正方形组合产生的角度关系。

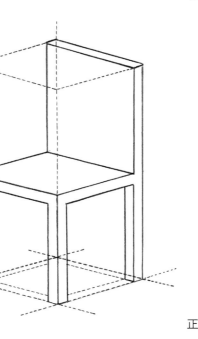

等角透视

正二轴透视

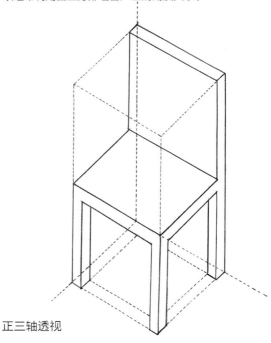

正三轴透视

根据三个角度也可以称为正二等侧和正三等侧。轴测投影通常用作技术方案的补充视图。它们可以补充信息，也可用于爆炸视图或装配说明。

这类展示的优点在于它能够进行缩放再现，因为不需要进行调光。问题在于表现的不是非常现实或者调整无法适应人眼感知。由于它是一种更技术性的展现，通常可以用虚线展现物体的不可见部分。

由于其方便快速，轴测图中的平行虚线是物体阴影部分绘画的一种常用方法。

斜轴测图的特点是真实的正面量值和被缩减的深度。

斜轴测投影的视角较高。一般有一个垂直轴和两个呈90°的轴。

斜轴测投影图

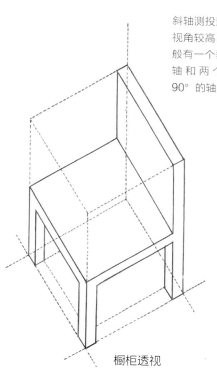

橱柜透视

在产品的装配说明中，以技术透视图为指导很常见。郁金香椅，由菲格拉斯设计中心提供。

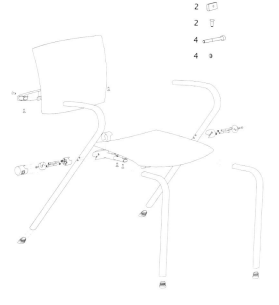

线性透视法

　　线性透视法是最接近物体实际三维的表现手法。我们将介绍一系列最重要的概念。

平面

画面（PP）：也就是图纸，是垂直的平面，位于观察者的正前方，在这个平面上绘制图案。

水平面（HP）：以观察者双眼高度想象出来的平面。它与画面相交处即是地平线。

消失面（VPP）：平行于画面。观察者的视线位于这个平面。

基面（GP）：决定地板位置且与画面（PP）垂直。

在线性透视图中，在画面
（PP）上画出一个立方体。

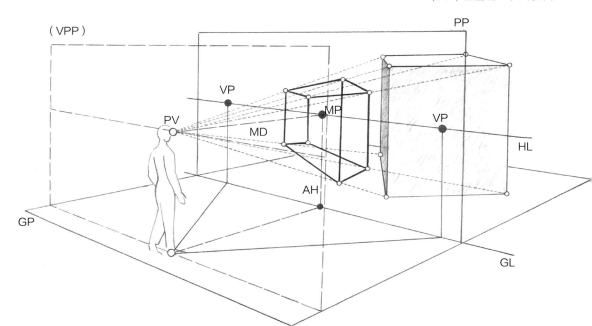

线

视平线（HL）：画面（PP）与水平面（HP）相交处。

基线（GL）：画面（PP）与基面（GP）相交处。

点

视点（PV）：望向物体的实际位置。

主点（MP）：垂直投影的视点在画面（PP）上。它位于视平线（HL）。

距离点（DP）：位于视平线（HL）上，对称于主点（MP）到由视点与主点（MP）之间的长度确定的距离。

灭点（VP）：在一定方向上平行的直线汇聚的地方。

度量点（MPs）：链接到它们在水平线（HL）上的消失点（VP）。它们通过某个消失点的作用来确定线的实际尺寸变化。它们从灭点（VP）和视点（PV）之间的距离中出现。

距离

主距（MD）：观察者或视点到主点（MP）之间的距离。

地平线（AH）：确定视平线到基线（GL）的高度。

物距（DO）：观察者或视点（PV）到要绘制的物体最近一点的距离。

主方向（MD）：根据画面（PP）确定物体垂直面旋转的角度。

投影几何可以解决绘图中的复杂问题。在绘制不同点时一定要依照步骤，避免出错。

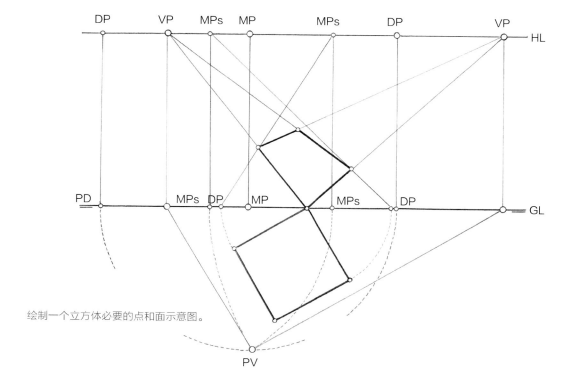

绘制一个立方体必要的点和面示意图。

线性透视图的类型

　　根据对象相对于画面（PP）的位置以及灭点的数量和位置，线性透视图可以分三类。

一点透视

　　特点是只有一个灭点，通常与主点重合。物体与画面平行。推荐在物体主立视面非常明显的情况下使用，这意味着它具有项目的基本信息。其最根本的优点是与画面平行，没有任何扭曲和消失。

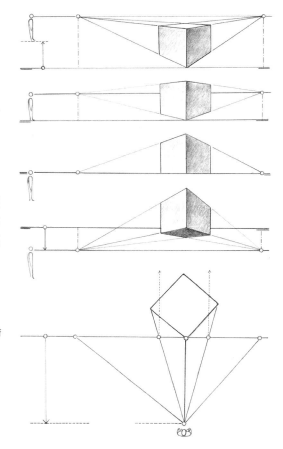

当眼睛高度或水平线变化时，就会出现各种视野：俯视、鸟瞰图、直视、仰视。

在一点透视图中，所有灭点都汇聚于一个点。不断变换物体的位置是快速手绘透视图的有用的方法，它涉及全套尺寸的立面图。

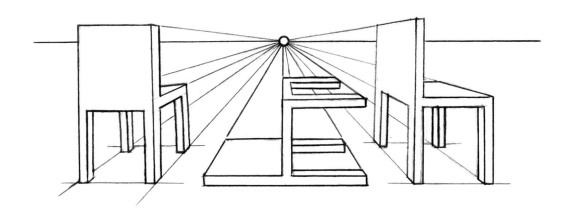

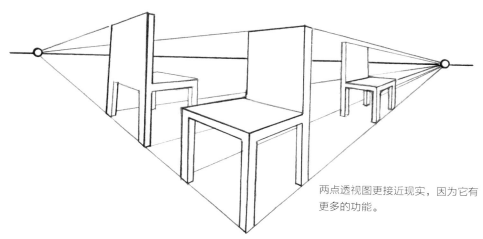

两点透视图更接近现实，因为它有更多的功能。

两点透视

　　这种透视图中有两个灭点。通常，物体的位置与画面不垂直，因此，最接近观众的部分是棱边。由此，可以定义两个面，并且根据决定消失点位置的角度，两个面会有主次之分。

　　所以，在45°的透视图中，有两个面是对称的，是同等重要的。如果是绘制立方体，则应注意物体的两道棱（正面和反面）在视觉上是重合的，而这可能会引发解读问题。这可以通过改变角度来避免，例如，在包含30°和60°角的同一立方体中，突出其中一个立面。

　　两点透视图可以表现所有类型的家具，尤其适合桌椅，因为它们需要同时展示两个面，从而让读者更好地理解结构。

　　观察者的视点高度能决定一系列视角。根据水平线相对于基线的位置，可以获得物体的基本信息，如比例等。

三点透视

　　有三个灭点。在这种透视里画面相对于三个轴来说是倾斜的。其中两个点位于视平线（HL）上，第三个在一条垂线上。

　　这种透视很少使用，只用于某些特殊的目的，它呈现出的物体扭曲失真，且对于观察者来说是一个很不自然的角度。在结构细节图中比较有用。

三点透视

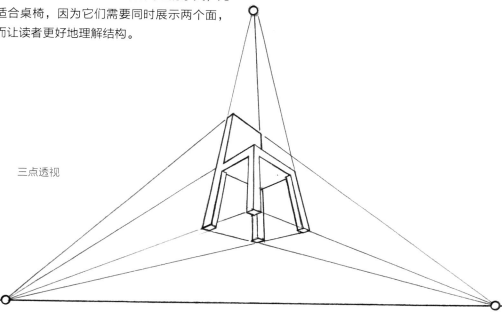

徒手绘制透视图

透视图是在手绘中普遍应用的工具，因此需要了解其基本原则。经验丰富的设计师会很敏锐地察觉到一幅透视图是不是好的，是不是有错，是不是符合设计初衷。另外，它还应该可以表现出隐藏部分，并能掌握产品的尺寸及比例，就如同产品已经生产出来了一样。

巩固这些概念对于成为专业设计师至关重要。训练自己的看图能力，可以帮助你预见产品开发过程中会出现的问题。

从二维图纸理解三维物体的过程中可能出现的问题还与第三方的理解能力有关，比如需要落实工作的客户。不是所有人都习惯阅读平面图、能够读懂剖面图，甚至是正确理解透视图，这就需要引入接下来的建议。

阿尔瓦尔·阿尔托（Alvar Aalto）设计于1936年的茶点车901，至今仍由Artek公司生产。这是一个严谨又质朴的例子，结合了木材弯曲的技法，并将托盘转换成结构元件。

选择视点

水平线决定了视点的高度，那么，它是用于指明物体大小的方式。一般规范是小物体从上往下看，大物体反之。

在开始绘图前，有必要先花几分钟想清楚要画出物体的哪几个面。

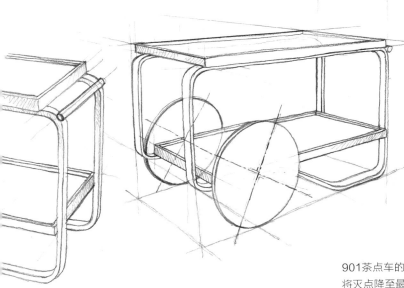

901茶点车的手绘两点透视图，能看出立面的比例并将灭点降至最低。

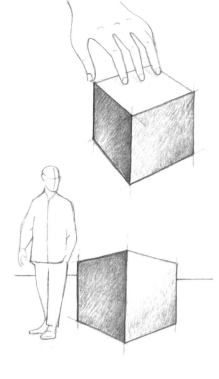

比例

一个正常比例应该用简单的视角表现。如果已经以一定的比例画了几条边，那么这幅透视图剩下的部分就应该保持同样的比例。表现效果一定要做到视觉上的大小一致，因为如果尺寸不一会影响效果呈现。

如果要展示几种不同的设计方案，推荐所有方案遵循同样的尺寸，以便准确评估。

纸张格式也会有影响，给定格式的大小和视角分布也可以传达正确的比例。

绘制工作

一项设计一般始于纸上无序的小画。奇怪的是，随着经验增长，反而画得越少。因为概念和很大一部分过程都在大脑内完成了，这使得设计者能够以更多的细节和顺序来展示信息。

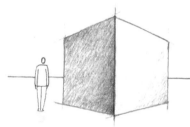

视点高度暗示了物体的大小。上图的三个例子体现了如何相对于观察者的高度组织和传递物体的大小。

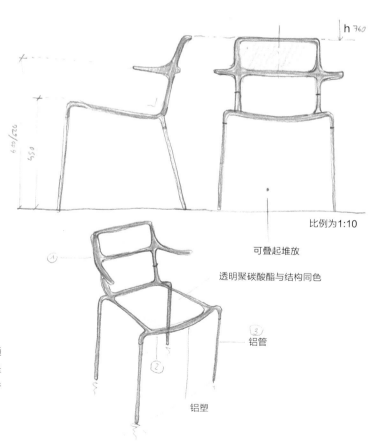

比例为1:10

可叠起堆放

透明聚碳酸酯与结构同色

铝管

铝塑

从两个比例为1:10的基本立面图中，可以通过底部四条线迅速构造出一个透视图。这是一个统一视点的例子，几乎不需要任何参照。三个视图之间的联系是相当充分的。

访客座椅设计的基本立面图。其中，只表现了基本线条，而没有规定最终材料或尺寸。

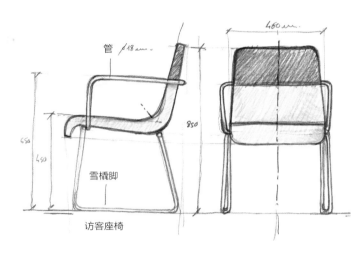

管 ∅18 cm.

460 cm.

850

650

450

雪橇脚

访客座椅

根据照片绘制透视图

尽管我们需要认识到这不是一种非常正统的方法，但它在设计的初始阶段还是很有用的。它可以让我们快速画出贴近实际的速写，并且将精力放在真正重要的东西上——产品。

同样，这是一个用实践很好地巩固绘制透视图的训练，同时也要求我们明白如何在广告和商业目录中绘制不同类型的家具，培养一定的鉴别力。

搜索或举例

当差不多有了几张家具设计的草图后，就要搜索包含类似家具的照片。选择过程应有明确的目标，比如，选择视角恰好能展现出设计某一特别且关键部位的照片。

比例和尺寸

在选择的图片中，必须能推测出某个尺寸，以便确定被拍摄物体的整体比例。比如，在椅子照片中，座椅高度就是一个标准维度。

勾勒透视图的基本线条。

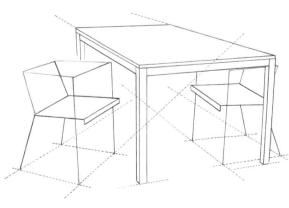

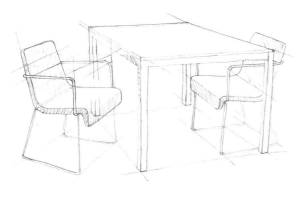

用铅笔沿着之前确定的主线条绘制椅子的草图初稿。调整好的桌子深度暗示出会议桌为方形。

体积和辅助线

从这里，通过简单的体积和关键线条提取和定义对象的围线透视结构。在这个阶段，引入新方案所需的比例调整，透视的基本要素主要集中在水平线和灭点上。

绘制新方案

是需要用到照片中获取到的所有辅助元素绘制新方案的时候了。特别注意家具的一般比例以及不同组件的材质。

完成后可以重新临摹一遍，得到一张没有辅助线和透视问题的图。

补充元素和环境氛围

照片材料可以用作参考，帮助决定如何把家具或其他辅助的建筑元素组合在一起，制造出合适的氛围。为了补充技术图纸，均匀的处理颜色，也可以加入必要的元素，让设计更吸引人。

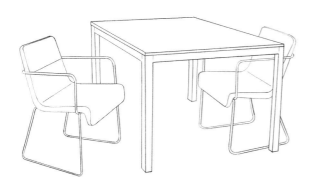

没有辅助线的草图，将用作最终的呈现图。

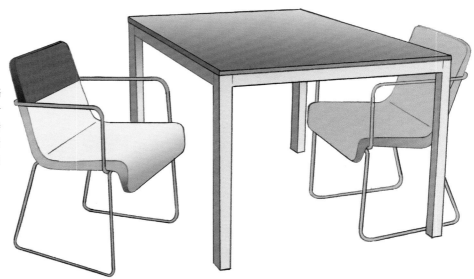

快速向客户阐明思路的简化图。尽管设计中还有很多方面有待确定，因其信息量大、提示性强，还是很好的选择。

透视图中的阴影

光线揭示出周围的环境，让物体呈现三维立体效果。想正确地理解光线，将其视为阐释物体的工具，正如透视图一样，要用到多种绘画技法。在描述这些方法之前，有必要解释一系列基础概念。

本影区：这是在物体表面产生的阴影，随着光源位置变化而改变。

投影区：物体在附近的表面（地板、墙等）上造成的阴影。

受光区：物体直接受到光照的区域。

半影区：介于光区和阴影区之间。

反射区：阴影最浅的区域，吸收周围物体折射的光。

阴影自身的基本概念，以及一个简笔画立方体的投影。

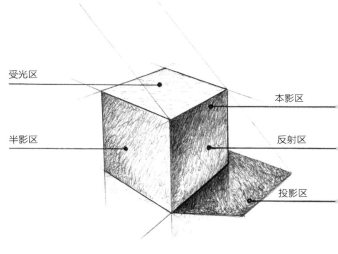

受光区

半影区

本影区

反射区

投影区

阴影的形状

这是一个说明阴影的描述性值和给予物体体积信息的快速练习，尽可能用最少的元素来表现最大对比度。从颜色游戏着手，用于表示最大和最小的光照的极限，平铺色块逐渐将体积表达出来。

阴影的形状并不构成对象本身，而是通过一系列认知过程，使得它的表达与三维结构相互关联。

该图展示了通过最少的元素表达三维空间的能力。虽然只有若干简单的色块，却不影响对物体的认知。

根据平行光绘制阴影

　　也称为自然光。太阳的投影线是平行的，其光源的距离可视为无限远。应确定所有光线共同的倾斜角度，并从物体的关键点获得与地平面不同的切割点。

根据焦点绘制阴影

　　在这种画法中，线条的交汇处即焦点。辅助线从对象的关键角的端点起始，与灭点的连线与地面相交。

　　通常在上方的右边或者左边确定光源点。可以假设光源点是唯一的，虽然在现实条件下是不可能的。

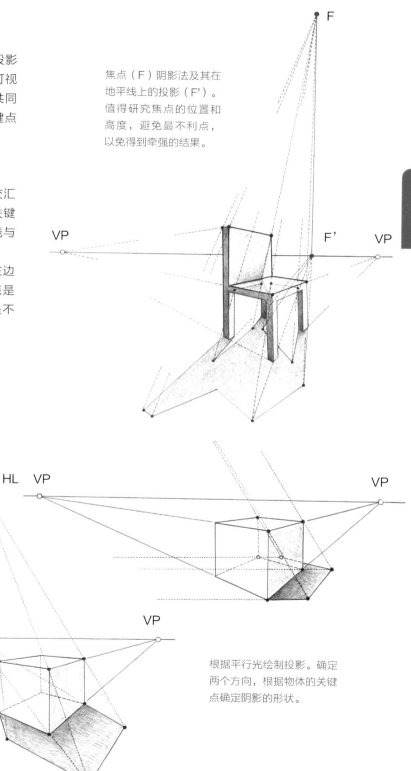

焦点（F）阴影法及其在地平线上的投影（F'）。值得研究焦点的位置和高度，避免最不利点，以免得到牵强的结果。

根据焦点（F）绘制的立方体的投影。

根据平行光绘制投影。确定两个方向，根据物体的关键点确定阴影的形状。

人物表现与家具

在项目设计图中添加人物有几个目的。突出舒服感，并将其集成到图纸中。

在开发一个物体时，很容易受到物体形状的左右，而忽视与用户交互的真正目的，于是有人物参与的绘图有重要意义。

何时需要？

之所以要求人物的参与，有若干理由：

◎ 确定比例。为物体及环境提供比例参照。

◎ 使物体可视化。常见的一个例子是，在设计座椅和软垫家具时，便于研究靠背跟坐垫的关系。

◎ 展示某一功能。展示折叠桌、折叠椅等。

◎ 展示使用方法。详细展示不同方面的开放性和可接近性。

◎ 考虑运输和安装。建议将其限定于特定目的，而不与注意力的焦点—产品来竞争。

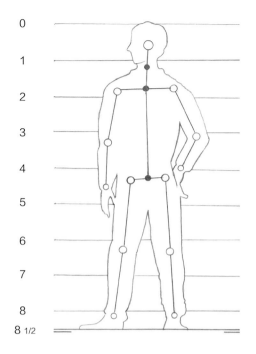

身体的比例通常根据模型或头部计数。成年人的身高相当于8.5个头的高度。至于关节的运动，可以将之可视化，作为引发运动的一系列由点组成的链条。

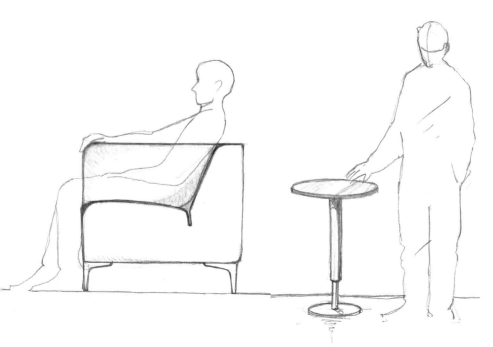

在第一个例子中，人物用来展现沙发的舒适度；在第二个案例中，作为物体的比例参照。

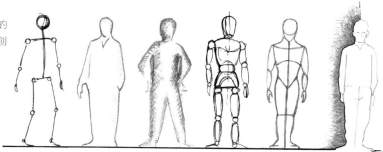

风格在人物解读中的不同可能性。建议创造的个人风格。

绘画风格

有很多表现人物的图像风格。寻找并捕捉自然的动作，寻找到自己的语言来快速将一个对象抽象为表现物体特点的元素。

比例

一旦选定了风格，应该确定适合其用途的比例以进行调整。其详细程度根据比例的缩小而降低。

位置范围

每一设计师应当开发适合于自己的位置范围。为此，可以绘制有关节的玩偶或特定的模板。影像材料可以帮助获得自发、流畅的手势。

绘制细节

有时可能需要表现亲切的细节，如手柄的人体工程学。绘制手是一个非常复杂的练习，但必须掌握，一个方法是以自己的手为模型并操纵不同的对象。

各种位置说明与周围环境和物体的不同的相互作用，所以，应广泛积累人物与物体相适应的资料。引入不同类型的用户（成人、儿童）的变化也很重要。

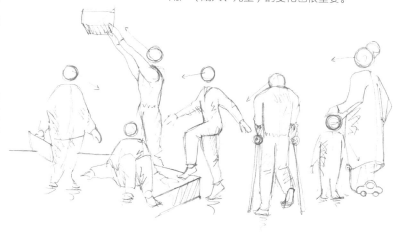

在绘制细节时，可能需要包括身体的一部分。这个草图表现的是手与物体的互动，即手动吊杆，它可以通过螺旋辊独立地定位衣架。

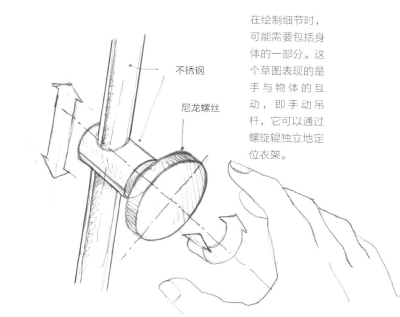

不锈钢

尼龙螺丝

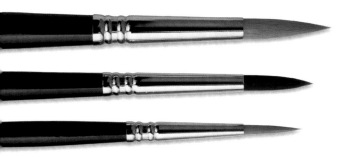

绘图工具

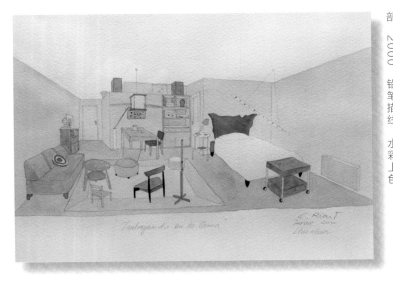

卡尔斯·瑞亚特

『在床上工作』卡尔斯·瑞亚特的家庭工作室内部，2000，铅笔描线，水彩上色

和基础技法

每种绘图工具都提供了一定的风格和整理标准，每一种都是独特的。后续章节提供与每个工具相关的基本技法。因此，考虑到需要解决的家具类型，将会提供与图纸类型和技术水平有关的建议。

在日常实践中，经常在同一幅图中使用多种工具，即所谓的混合媒介。在这种情况下，关键是要确定技术的兼容性，以及控制其他相关方面，例如纸张类型或有助于实现最佳效果的辅助材料。这项规划和研究工作最终决定了每位设计师的个人喜好。

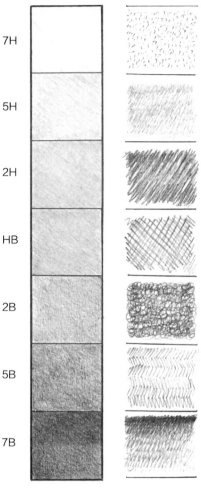

7H	
5H	
2H	
HB	
2B	
5B	
7B	

用不同硬度的笔芯可以获得持续的梯度变化。

石墨铅笔和自动铅笔

铅笔是最基本的绘画工具。尽管目前它很少作为主要工具在最终稿中使用，但在开始阶段和草图中确实是必不可少的工具。对于专业人士来说，铅笔因为"高贵"而很受重视。任何人都可以用它来发挥独到的表现力。此外，它不存在技术难题，几乎可以在任何材质上绘制，既可以用来书写，也可以用来绘画，还很容易清除。

选择合适的工具

一个具体的工具可以链接到每幅原稿的类型。因此，如果绘制一幅宽幅草图，物体的主要线条可以用装有3毫米粗细中低硬度铅芯的自动铅笔绘制，还要施以必要的力度和速度。相反，使用0.5毫米的自动铅笔绘制结构剖面图的细节，可以保证线条的精度和规则性，几乎类似墨水轮廓工具。最好准备多种工具以应对各种图纸。

笔画决定了原稿的特点。可以千变万化，从传统的单向阴影线到快速任意且自发的影线。绘制的速度影响阴影的明暗。

石墨铅笔是绘制草图的常用工具。

基础技法

　　相较于仅关注图纸与项目的契合，更值得区分清楚哪里的主角是线条，哪里是对象的象征或轮廓，以及那些被不同明暗的阴影所强调的体积感的位置。在第二种情况下，应考虑某些常见做法。

塑造物体：体积与光线

　　首先，先画出轮廓，铅笔要削尖，但不要过度施压于铅笔，以免在纸上留下划痕。

　　果断地画直线，注意起点和终点。转弯时放慢速度，但仍然要坚定地画，避免手蹭在纸上。如果想要改变手的姿态，最好在绘制不同的线条之间改变。

　　一旦用浅而轻的线条确定了物体的轮廓，光的位置与照射角度也就确定了。利用这些信息，就能够概括两种类型的阴影。

　　接下来，是平行影线的应用。将铅笔倾斜。画面要循序渐进地发展，逐步铺满阴影区域。如果希望线条明显，则应该快速且连续的绘制；相反，如果只是想表现均匀的表层的层次，那么使用短而软的线条即可。

　　要获得广泛的阴影色调，就需要用铅笔表现不同的纹理。有时眯起眼睛有助于整体色调意图的呈现，直到达到最终理想的效果。

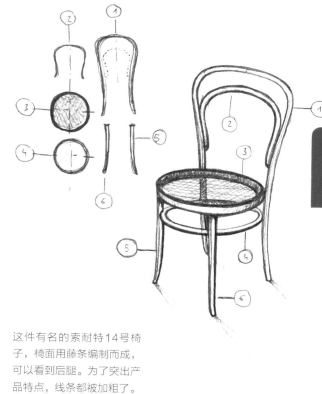

这件有名的索耐特14号椅子，椅面用藤条编制而成，可以看到后腿。为了突出产品特点，线条都被加粗了。

通过运用加强的线条和简单概括的阴影塑造出体积感，令主视图生动活泼，且非常逼真。

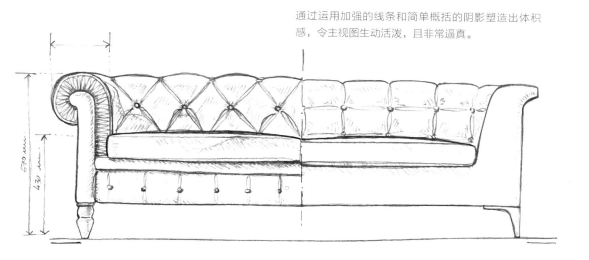

彩色铅笔可以在绘图的任何阶段使用。它是一种很全能的工具，可以绘制线条、体积感以及物体本身。

全能的彩色铅笔

用彩色铅笔绘制

彩色铅笔和石墨铅笔一样，可以直接绘图。有一些设计师很喜欢用彩色铅笔工作。如果图稿中需要用到其他技法，那么彩铅会是一种稳定干净的媒介。此外，色彩多样，可以相互叠加。唯一的问题是如果出了错，它不如石墨铅笔那样容易擦除。

在起稿阶段，最好先轻轻描出体积，循序渐进地加深线条直至达到理想状态。这样可以使辅助线条更加丰富。

要想使长线条保持恒定的效果，就需要在运笔时转动笔尖，使线条的粗细与深浅能够保持一致。对下笔的力量掌控一定要很精确，否则画出来的线条就会不均匀。

彩色铅笔允许不同颜色之间的过渡和融合。此外，可以用广泛的线条来模拟纹理和材料。

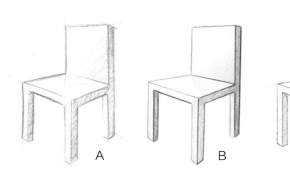

A   B   C

这种技术会带给画面表现或多或少的特殊效果。在此，第一幅图有自由的笔迹，是典型的草图（A）；第二幅属于精细一些的演示图（B）；第三个是单色图，有交叉影线，提供了更多的技术特征（C）。

在草图中，特别是在椅子的初稿阶段，下笔的力度可以把尝试线和最终的线条区分出来。

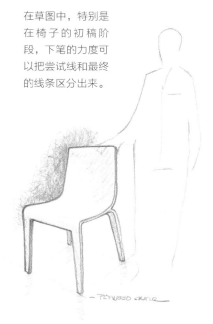

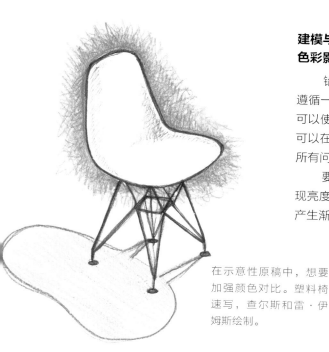

建模与应用
色彩影线

　　铅笔相对于纸张应保持一定角度的倾斜，遵循一个方向快速绘制。如需限定区域的边缘，可以使用胶带；而如果想要画一条笔直的线条，可以在上面再铺一张纸或者一个格尺就可以解决所有问题。

　　要展现颜色的层次时，轻柔的线条可以表现亮度。运用这种技巧，就可以在不同颜色之间产生渐变和柔和的转换。

在示意性原稿中，想要加强颜色对比。塑料椅速写，查尔斯和雷·伊姆斯绘制。

交叉影线表现色彩

　　运用不同方向的重叠线是常见得绘图手法，注意不是画网格。线条方向是根据每个面的目的和方向决定的，最终要为阐释形式服务。

当用作演示材料的主要工具时，彩铅拥有了原稿的价值。在这里，一些红线条被加强。由卡尔斯·瑞亚特绘制。

纸张的种类

　　纸张的选择直接决定了图纸的质量和完成度。它的重量和纹理会影响结果，所以在决定之前要多尝试几种类型。常见的选择是使用黑色或深色纸，因为它与白色铅笔结合时会带来有趣的可能性。

使用彩纸时，可以使用白色铅笔作为绘图和塑造的工具。

圆珠笔

　　有时，餐巾纸就可以用来记录设计师某一瞬间的灵感，这时，圆珠笔的天生优势就凸显了出来，接下来我们就来介绍一下使用圆珠笔的好处。

　　最开始的时候，圆珠笔是作为一个书写工具而发明的。不久之后，人们逐渐认识到圆珠笔有更多的用处。它的成本低，书写迅速，因此得到迅速的普及，它自然也被运用到绘画领域中来。然而圆珠笔很少用于绘制设计图的最终稿，而是多用于设计图的修改。

现行模式

　　圆珠笔的颜色范围不大，但是由于种类和生产厂家的不同，不同的圆珠笔可能会在笔画的粗细、色调和对压力的敏感度上有些许差别。所以，有必要试用不同种类的圆珠笔以求获得更多的可能性。

　　它们配备液体墨水书写滚珠。练习对运笔力度的控制，在线条末尾引入阴影，产生多种效果。

准备练习

　　笔会根据受到不同的压力而产生色调变化，所以有必要尽可能地适应并掌握它。建议在开始绘图之前进行简单的练习，以便运用和控制整个色调。

子宫椅子的设计图，埃罗·沙里宁，1984年。这幅作品是由圆珠笔绘制重叠短线条而成。

图纸的大纲

　　圆珠笔是常用的绘制草图的工具，就像彩色铅笔一样，直接绘制的效果很有趣。图纸和不同体积与阴影的影响来自组织阴影区域的笔触。

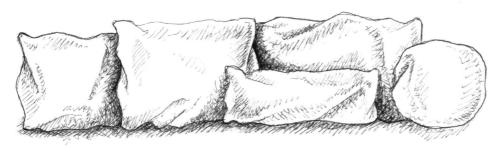

靠垫构图习作。圆珠笔在创建阴影和体积的过程中是非常通用的工具。

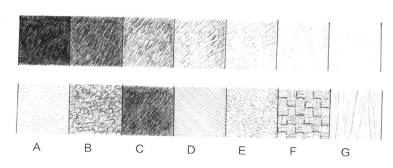

渐变习作，运用重叠短线和快速勾线技术。

完成水平，影线和交叉影线

线条的连续重叠和长度决定了细节的实现程度。察觉不到线条的精准画面是可以达到的，具有完美的过渡和递进，或者也可以通过粗略地暗示对象的阴影来快速绘图，这一切都取决于你的时间和耐心。此外，交织的形式可以帮助暗示出一定的形状。

用圆珠笔加强边缘

圆珠笔也可用作加强图纸上的线条元素，但它的使用不广泛，因为不能修改。

材质应用的纹理习作。细节（A、B和C）可以解释为纹理的交织；（D）是规则断面的识别条纹；以及（E、F和G）其他材质的样品，如刨花板、天然纤维和木材。

一套储物柜的安装说明图纸，识别对应的每个部件，然后按照图纸进行组装。

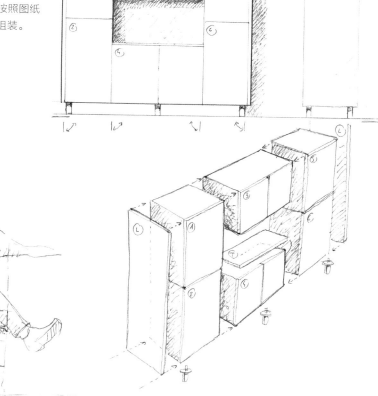

寥寥几笔的勾勒捕捉到沙发的舒适感。

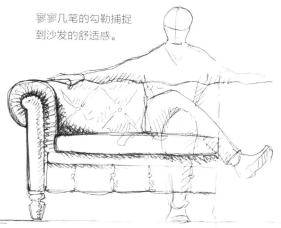

马克笔

　　20世纪80年代中期，马克笔成为产品开发中普遍使用的工具。一经使用就被用于先进的工业领域，如自力推进、家电设计、工具和包装，等等。它在更迭换代很迅速的领域中流行起来。它不是家具行业的专有工具，且已被用于与产品设计无甚关联的其他类型中，如办公家具、城市家具或社区的公用设施。

　　尽管产品介绍通常使用逼真的渲染效果图或数码图，但马克笔仍然有着快速迷人的绘图效果。

马克笔绘图基本技巧

　　使用马克笔绘图需要提前规划，因为不能出错。马克笔常与其他工具一起使用，如彩色铅笔或色粉笔等。

绘制的速度决定了不同的结果，因此可以利用这种特性来产生特效和表面反射。

1

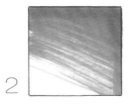

2

3

想要绘制连续的均匀的表面，需要在一个湿润的表面快速绘制。具体做法如图所示。

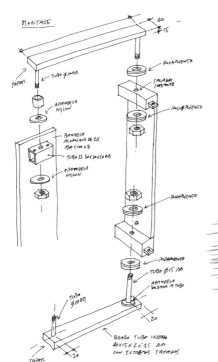

细尖马克笔绘制的可照明壁挂镜的结构爆炸视图。克里斯托弗·马修利绘制。

马克笔表现外形轮廓和对比度。

铅笔绘制家具柜。在这里马克笔用来确定基调明暗。拥有从冷到暖的一系列灰色很重要，可用来绘制不同的阴影。

用马克笔绘制线条时不要换笔，也不要随意乱涂，把不同颜色交叉。

遮盖物

保留不上色区域时需要用到遮盖物。一般来说，使用喷枪时会用到弱黏性的遮盖物，用细长刀修剪，粘贴在需要使用的区域。如果遮盖区的边缘是笔直的也可以使用胶带。

划线

渐变可以通过快速绘制的反射来实现，以打破单一颜色的单调感。

如果需要绘制出纯色平面，则要沿着之前的颜色逐步推进。如果在已经干燥的区域重复上色就会出现深色线条。叠加线条可以得到不同深浅，但不能叠加太多以免纸张撕破。

运笔

用马克笔绘画不需要用手腕着力，而是用手臂果断快速地用力。建议不要太受规则约束，因为一旦停笔，墨迹会影响整个作品。慢速滑动笔尖会产生不安全和僵直感，墨水还会渗入纸张，混淆边界。这种技巧需要经过大量练习，才能创作出流畅、有质量的作品。

笔尖

斜尖马克笔可以用多种握法来实现不同粗细的线条。它适用于填充大块区域。较圆的尖适用于勾画轮廓、描画线条或者标出棱角。应该连贯无间断的一笔画出线条。市面出售的配备多种笔尖的马克笔很实用，可以绘制出同一种颜色的不同线条。

简单着色家具图

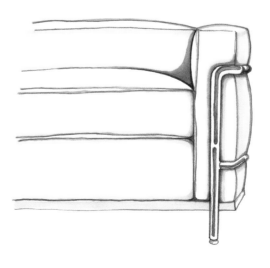

色粉是一种多才多艺的经典媒介，可以通过色调和色彩转换来使画面和谐优美。色粉干燥使用，也可以与其他媒介结合使用，主要是勾勒轮廓的彩色铅笔和蛋彩。

即使色粉允许一定的修改，但想要得到干净的原稿，最好在下手之前做一定的规划。在绘画初期可以擦除，但纸也回不到原来的样子。

色粉的渐变效果

色粉基础技法

色粉画一般常用两种技法。

直接绘制

可以直接运用不同的色彩和笔触来表现物体，然后再用棉花球模糊和柔化。如果还能加入笔触，画面会更具艺术性。值得一提的是，如果想突出画面的某一部分，应注意不要使纸张过于饱和。

色粉具有很强的色彩过渡的能力。色粉快速有效，并且是一种很重要的技术，其效果接近非常复杂的技法，如喷枪。

色粉是表现软垫家具的理想选择，它可以将体积塑造和阴影的张力完美统一。在这幅草图中，使用了彩纸、三种柔和色彩的色粉和彩色铅笔。

从背景开始直接用彩色蜡笔绘制线条较容易模拟出木质纹理。

色粉粉末可以制造渐变的效果。此外，这也是混合和获得新颜色的有效方式。粉末必须是均匀细腻的，如果在刮擦时有大颗粒，就会出现不和谐的线条。

粉末使用

用刀片切割色粉条以获得粉末，然后用棉球蘸取涂抹。纸面事先要用棉球擦拭。需要限定绘画区域时，可以使用喷绘遮罩或胶带来。在涂抹色粉粉末之前，应先将其与滑石粉混合。

原稿保存

最方便的方法是给完成的画面上喷洒固定喷雾，保证喷头干净，以防弄脏画面。另一个选择是用保护纸遮盖。

在康颂彩纸上绘制的经典鞋柜立面图。用彩色铅笔强调两个立面图的线条，以及门的开合。

"Otredad"
C. Riart
26. agost. 2011
Barcelona

水彩和透明度

　　水彩画因其透明度和亮度脱颖而出。用它绘制的原稿非常有艺术性。过去，它通常用于项目展示，但现在却被边缘化。水彩画的底稿起到基准的作用。因此除使用不会被水改变的技法外，还必须准备一份除去清晰辅助线的原稿。

水彩的特点是透明度极好，因此每一次色彩或涂料的叠加都会产生新的颜色。

这不是方案介绍，而是艺术作品。卡尔斯·瑞亚特绘制的Otredad家具系列，石墨铅笔和水彩绘制。

一套床头板和床头柜，石墨铅笔和水彩绘制。马蒂亚斯绘制的Danna系列。

基础应用技法

根据期望的结果，有两种技法。并且这两种技法可以同时运用在一幅画中。

湿画法

用蘸过颜色的笔在潮湿的纸上水平上色，倾斜纸张使颜色流动。一旦第一层颜色干了，就可以继续覆盖，只要纸没有全干就会产生不必要的影响。这是给大面积上色的基本技法。

波尔托那·弗劳的维斯塔躺椅速写，石墨铅笔和水彩铅笔绘制。扶手的光泽用水彩加强。

干画法

在干燥的纸上，一层干了以后继续上色。这种技法对于强烈的特定的颜色效果很好，并可以生成笔刷效果。

水彩铅笔

这是一种很有效的绘制草图的工具。首先如普通铅笔一样绘制，然后用一支干净湿润的画笔，将不同颜色融合。必须勤用水清洗笔刷。

蛋彩画

蛋彩画是一种以不透明性和能覆盖颜色为特点的湿画技法。与水彩画不同，其质地较厚，不过可以稀释使用。蛋彩画仅使用基本颜色就能获得如量身定制般的色彩。作为一种技法，它通常是辅助使用而非主要技法，仅在混合媒介作品的特定情况中使用。

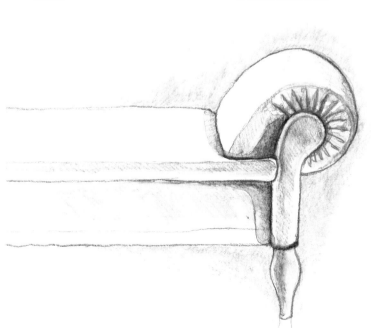

亚米·海因绘制的椅子草图。许多设计师认为使用特定技法是相对的，任何媒介都是有效的。根据其可用性任意组合很常见，在这幅图里自由地使用了马克笔和彩色铅笔。海因工作室出品。

混合媒介

混合媒介意味着在一幅画中使用和组合不同的工具和技法。这些方法快速有效，在专业人士中广受欢迎。这些方法来自其他领域，尤其是产品领域，尽管最初它们是给客户做最终展示的工具。如今，它们已被效果逼真的数字3D技术取代。

在项目展示的不同阶段的精确程度

如今，混合媒介多用于绘制草稿或构思。它们可以为有预见性的讨论和评估材料提供不同的解决方案。但在项目未完成或需要留出某些方面等待未来确定时也是有意义的。

主要技法决定图纸特点

绘制一幅图纸可能有很多种策略，这取决于将要表现的风格。每一种技法都有其特定的表达方式。这样，如果决定使用彩色铅笔，那可能是希望艺术化的笔触能给作品带来手工感。反之，如果想使用马克笔作为主要工具，则可能是为了更接近工业产品的表现方式，展现技术感。

根据类型来限定

除按照一幅画的特点来选择特定的技法外，每种类型都决定了有几种技法是尤其匹配的。

椅子，由许多榫接部件组成，结构占主导地位，因此能清晰表现线条的技法最适宜。优先选择石墨铅笔、圆珠笔和彩色铅笔。而建模则应选用细头马克笔来加强阴影线条。

软垫家具需要塑造体积感，因此需结合色粉和彩色铅笔。储物家具可以结合马克笔和色粉来画出不同表面的不同质感，以区分光面和暗面。

绘制桌子则需要运用不同技法来区分表面的线性结构和材质。

Pay Pay椅，混合媒介与马克笔绘制。用白色铅笔画出塑料上隐蔽的孔。彭西工作室出品。

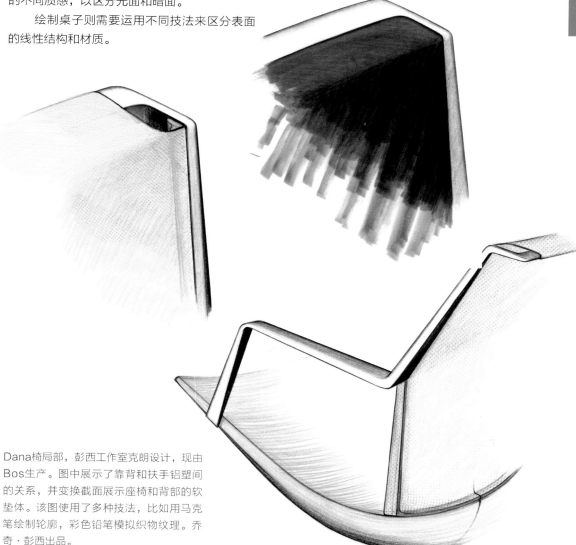

Dana椅局部，彭西工作室克朗设计，现由Bos生产。图中展示了靠背和扶手铝塑间的关系，并变换截面展示座椅和背部的软垫体。该图使用了多种技法，比如用马克笔绘制轮廓，彩色铅笔模拟织物纹理。乔奇·彭西出品。

家具

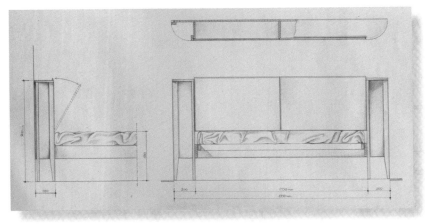

里卡德·费雷尔
寝具设计，一系列立面图。石墨铅笔
和彩色铅笔绘制于骨白色再生纸上。

材质呈现

　　这是连接图纸与最终产品的方面之一。正确地展示材质并将其纳入一种可视化的形式、比例和体积之间，以及展示出将出现在最终产品中的真正的关键方面，例如阻力、接合和生产流程。所以体现出它们代表了项目定义的一种飞跃。

　　在家具世界中，所有的材质都可以利用。在传统的材料基础上，加入最新的品质和材质。在下面的内容中，会介绍一些材料的常用指导方法。再次，通过实体样本和个性实验引入新的可能性，可以为每个新项目注入新价值。

木材的表现

木材的选择无疑是确定家具特征的一个方面。有许多资源帮助真实呈现，最好是有实物样本参考，有助于最大程度地接近预期效果。

完成水平

根据原稿决定图纸的写实程度。在草图中的木头的颜色要表现充分。而在图纸的深入阶段，需要引入其他方面的表现，以增加完善度。

比例

图纸的比例会影响细节刻画的程度。有时尝试极度写实更好。在一幅小图纸上不可能画出真实尺寸，而需要改变尺寸来呈现木头的质感。

天然木材有非常丰富的色彩和质感。利用实木和层压板样本准确地表现家具。

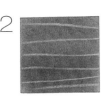
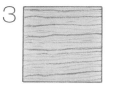
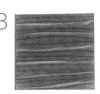

逐步表现木材：首先，用主色调画底色（1），这里使用色粉。在浅色层压板样品中，用彩色铅笔绘制纹理（2、3）。在模拟鸡翅木的深色样品上，用色粉棒绘制出清晰的纹理（2）之后稍微模糊一下。最后用彩色铅笔画出深色线条（3）。

装饰层压板拼接在一起，产生大面积的复制效果，例如，在桌面和衣柜门上。此外，根据纹理还可以区分木材的类型。实例（A）是经典的樱桃木；（B）是橡木，线性纹理；（C）是榉木，短小的痕迹或小尖。

A

B

C

1 2 3   1 2 3   1 2 3

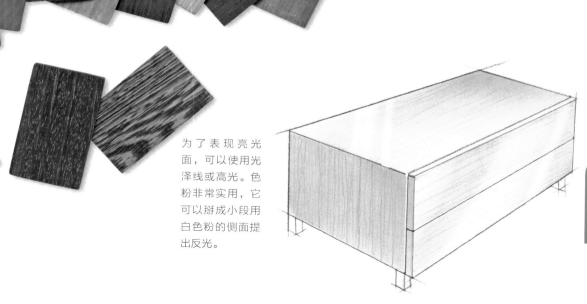

为了表现亮光面，可以使用光泽线或高光。色粉非常实用，它可以掰成小段用白色粉的侧面提出反光。

木材表现技法

应考虑以下三个因素：

基础色：首先确定整个画面的基调，确定背景色。

色调变化：确定第二种辅助色，制造对比和层次。

呈现木质纹理：一些木材有其特点，比如橡木具有密集的线性纹理，榉木则有短而柔和的线条，且更模糊。

在储物家具中，经常需要表现门板的装饰面。天然木材层压板通常以150毫米的宽度出售，可以组合拼接以覆盖大面积范围，于是专业人员可以根据客户的需求，在拼接时组合出特殊的图形或效果。

表面处理

通常，最后会在木头上涂一层保护清漆，可以形成不同的表面效果。哑光漆会保留木头原色，像绸缎一样是用蜡处理过的木材的典型效果，而亮光漆在经典款式中很常用。

樱桃木椭圆桌效果图。表面处理的大小与作品大小不相符，这在考虑整体的情况下是允许的。

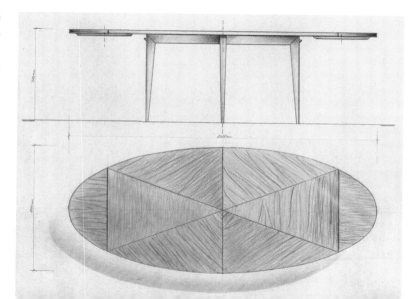

有各种各样的金属表面处理方法和材料。在此，通过简单的形体来演示金属的表现方法，这些形体可以帮助直观呈现各种概念。

金属的表现

镀铬和镀金

镀铬表面会反射出周围的环境。部件形状决定了反射的范围。因此，有一系列普遍适用的规则能简化绘画过程，这些标准同样也适用于拍照和修饰产品照片。

反射元素的设置

假设三种元素共存的场景：一条区分天地的地平线；天空的颜色，可以是开阔的蓝色；大地的颜色是典型的土地特有的棕色。我们虚拟物体将会放置在这个环境中，并且反射状态不会被干扰。但矛盾的是，绘制镀铬的平面比绘制镀铬管状物更难表现出真实感。管状物会在周身上反射出有特定规律的、光感很强的周围景物的倒影。

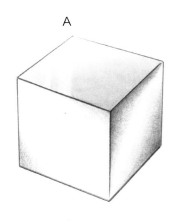

A

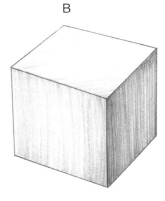

B

两个金属立方体。一个是镀铬表面（A），一个是拉丝表面（B）。镀铬立方体反射周围环境。朝上一面反射天空，另外两面则是暖色。不推荐表面反射容易使视觉产生混淆的元素。在拉丝立方体中，表面的光洁度和纹理很重要，而且可以看出每一面反射的不同色调的变化。

镀铬圆柱体。可以看到阴影和色彩分布的规则营造出的体积感。

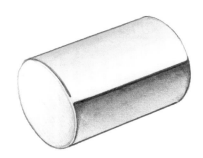

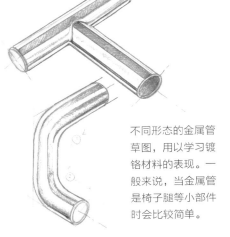

不同形态的金属管草图，用以学习镀铬材料的表现。一般来说，当金属管是椅子腿等小部件时会比较简单。

金属表面拉丝与纹理

被拉丝或打磨过的金属表面可以有效防止反光炫光。在表现时，应该考虑到反射因素，即使模糊也不能仅仅是简单地复制。

阳极化是一种经典的处理铝的方式。它是在铝表面形成氧化膜的一种材料保护技术。

金属材质涂料

出于环保考虑，许多传统的表面处理工艺，如镀铬和阳极氧化，已被涂料技术所取代。这些新的饰面材料类似于塑料。表面的光感和纹理的程度均有很多选择。

金属表面处理示例。哑光效果（A），镀金效果（B），镀铬效果（C），最后一个是彩色阳极氧化效果（D）。

渲染效果图或照片有助于了解明暗分布和反射的情况。在这里，可以看到椅子的铝质结构，以及弧形和矩形部分之间产生的变化，还有正反面的反射规律。

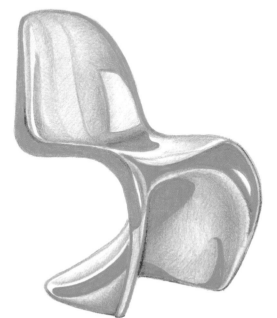

塑料、漆皮和其他饰面材质

日常生活中的大量家具是由合成材料制或者塑料制成。某些时候，比如板材层压板，为了迎合市场会生产模仿天然材质如木头、石头或金属的纹理。还有，塑料中已经融入了能媲美天然材料的新材料。塑料不只是颜色多样，更有其特别的质地、触感、灵活性，以及能完美呈现图案、细节、式样的多样属性。

第一步：确定物体表面光泽

塑料材质的呈现方式与亮漆的和涂料表面无异，因此方法可以通用。

第一个练习是画一个简单的形体，有三种层次的表面光泽度：亮面、缎面和哑光面。

光泽度决定了物体对周围环境的反射能力，而哑光表面上的反射是模糊的，并且受限于表面的哑光级别。

透明度——家具质量中的新概念

塑料为传统物体引入了新活力。如今许多塑料家具中注入了不同的材料，比如聚碳酸酯，其透明度很高。绘制这样的家具时要把它们表现得像玻璃一样。此外，透明效果可以与特定色彩相结合，但要注意保持透明度。

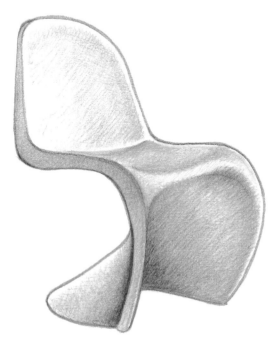

潘通椅有两种表面处理方式：亮面，与1967年原版相同，聚丙烯材质，与如今市售相同。在第一种情况下，应该选择没有过度扭曲的反射元素来描绘。使用马克笔和彩色铅笔的混合媒介。第二种情况下，遵循传统建模，符合特定的明暗法则，彩色铅笔绘制。

A

三种塑料表面。抛光表面（A），有高光；亚光表面（B），有渐变及一点高光；以及纹理表面（C）。

B

Marie椅，菲利普·斯塔克为Kartell公司设计。这是最早使用聚碳酸酯的透明椅之一。右图是用彩色铅笔绘制的绿色版本，能看出内部结构和光线折射变化。棱边在透明家具的呈现中尤其重要。

C

塑料家具纹理

为了提高家具表面的质量和耐用性，会加入一些纹理，有时还会加上装饰图案。

涂料，新的表面装饰

抛开基础材质，有一套完整的从技术图纸演变而来的表面装饰为我们提供了无数不同选择。从不同的纹理表面到利用透明度制造彩虹效果的多层图层，或是在图纸中难以再现的触感。

Componibili圆筒储物柜速写，安娜·卡斯特利为Kartell公司设计于20世纪60年代。用马克笔和石墨铅笔绘制的ABS塑料亮光表面。

饰面家具和面料

对质地的了解和细心观察不同材料的生产过程是刻画饰面家具的基础。在饰面家具中，面料是决定最终特征的基础方面之一。每个制造商都有自己独特的选择，包括多种面料和一系列材质。这样，同一款家具可能被棉、羊毛、人造纤维、毛毡、天然皮革和人造皮革等包裹。面料的选择是从根本上改变家具的线条，并传达了具体的价值的关键因素。

面料类型，基本准则

面料就像家具的皮肤，因此绘制家具时要画出有特点的具体的表面装饰。和绘制木质相同，并不是要细致重现某个纹理，而是选择对于家具概念有利的表现方式。

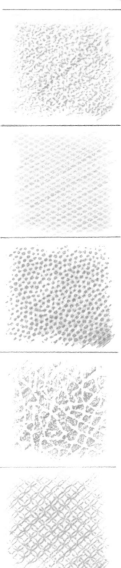

纹理材料样本，可以用纸覆在其上，用彩色铅笔描摹。这里用到的样本是雕刻有不同纹理的塑料片，包括仿织物纹理的、天然皮革的、木质的和其他几何图案的。任何粗糙的纹理都可以做模板。

用纹理捕捉技法摹画的样本照片。彩色铅笔绘制。

用纹理捕捉技法精细描绘的饰面椅。图中模型为Mi-nuscule扶手椅，由塞林·曼斯为弗里茨·汉森设计。

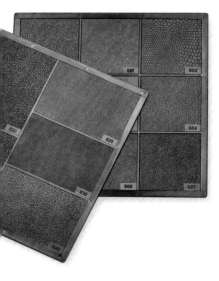

菲格拉斯公司的RTR扶手椅效果图。皮革表层纹理与胶合板支架有明显的区别。

面料张力，物体的表现

  另一个饰面家具的重要选择是面料的张力，确定它们可以与填充物和垫子的边界，与体块匹配。一件有松弛面料的家具会给人以舒适之感。相反，一个面料紧绷、边界清晰、线条分明的家具，是典型的公共设施的造型，有牢固之感。

填充物形状

  饰面家具的元素（扶手、坐垫、靠背和座部）一旦被包裹，就不能画成尖锐棱角。轮廓线不是直的而是大弧度的曲线，弯角永远是圆弧状。

  运用好这三方面——体积形态、面料张力和纹理明暗关系，就能把握好图纸的特征。

石墨铅笔和彩色铅笔绘制的传统沙发，画出了一张皮质松弛的沙发的褶皱，这是家居沙发的特点。

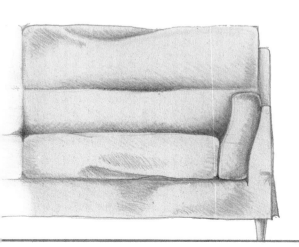

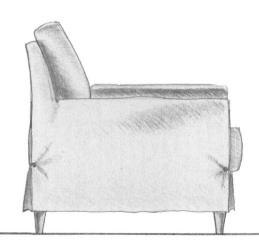

开发图纸的专业设计流程

设计是一项独立的创造吗？不是，为了实用，设计师必须永远接受之前的影响。

—— 查尔斯·伊姆斯

从概念

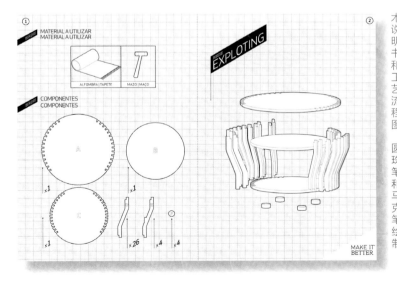

拉格朗哈设计事务所「MAKE IT BETTER」项目，用户组装的技术说明书和工艺流程图，圆珠笔和马克笔绘制。

到产品

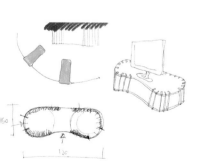

　　开发任何工业产品都需要付出大量的努力。无论产品有多朴素，从开始运作到投入销售的时间都不会少于一年。通常，新产品会在展销会期间开始推广。

　　在本节中，介绍了将多种技法应用于现实产品的专业方案。本章的目的是以作品摘录的形式介绍常见的建议、方法和做法。

　　每个案例中都包含项目简介、设计师、生产商，以及初始创意和演变过程的阐述。此外，还展示了类型多样的产品图，以求得以窥探广泛且有代表性的专业人员的工作方法。

精灵椅，当形式离开机器

精灵椅（Gaulino）是由奥斯卡·图斯克特在1987年最先设计的，并在2010年，由巴塞罗那BD公司进行了再设计。

说明与特点

精灵椅是在木材工业的常见转型过程中设计出来的。其主要价值在于保持手工雕刻的外观，实际上是工业产品。这种椅子的形状可以说是多个机械化过程来制造每个部件的结果。框架由天然白蜡木打造，座椅是在模制胶合板上手工包裹小牛皮，厚度三毫米。

无论是精确地展示，还是对标准流程的要求，精灵椅都符合我们所理解的"好家具"。其强大的框架，可以增强各部件之间的结合，而且它还是一个用最少的原材料实现最优化的设计，成品自重轻且易运输。最后，它可以堆叠，满足了家庭和公共空间的需求。

精灵椅已经变成一个标志性作品，得到无数赞誉。设计师图斯克特说过，精灵椅的得名源于两位大师——50%传承自安东尼·高迪，另50%来自卡洛·莫利诺。

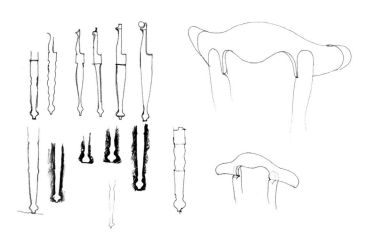

椅子部件的草图：前腿的形状和上面的凸缘，与扶手接合，以及靠背。

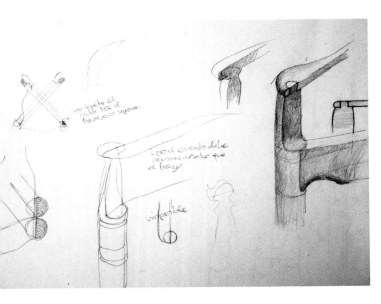

座椅交叉结构的摆放和扶手、前腿的接合。石墨铅笔、彩色铅笔和圆珠笔绘制。

用马克笔和圆珠笔绘制的后腿、后背和扶手，用相同工具表现纹理。

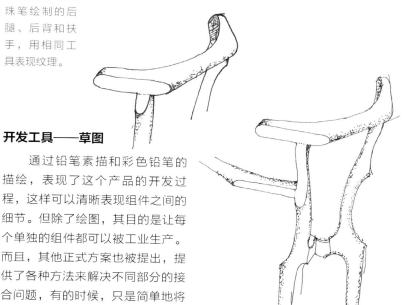

依据技术设计是图纸进行到更高阶段的常见做法。以1:1的比例表现改动或可视化一个基础的隐蔽细节，是向客户或者车间解释家具的有用的环节。

开发工具——草图

通过铅笔素描和彩色铅笔的描绘，表现了这个产品的开发过程，这样可以清晰表现组件之间的细节。但除了绘图，其目的是让每个单独的组件都可以被工业生产。而且，其他正式方案也被提出，提供了各种方法来解决不同部分的接合问题，有的时候，只是简单地将之前特定形状的主体修正一下，就能产生便于两个部件吻合的必要平面。后背的形状使整体更具个性，同时又能抵消后腿接合处过宽的问题。符合标准的错缝接合，能够弥补木材常见的轻微不平衡性，形成优越的堆叠能力，这一特性从第一眼就已表露无疑。

市面在售的精灵椅，由巴塞罗那BD公司提供。

这是拉格朗哈设计事务所在2009年为Santa&Cole公司设计的多功能椅。

贝勒餐椅，两种材料的完美结合

设计工作室与客户

拉格朗哈是一个跨学科的设计事务所，包括设计、室内和展示设计。他们将目光放在物品的日常特征和亲密性上，也没有忽略类型的研究和创新。Santa&Cole是一家颇有威望的出版公司，希望通过他们的产品介绍致力于提供高品质和尊重知识产权的文化，从而改善用户体验。他们的产品领域很广泛，包括家居用品、公共空间、城市家具、照明和植物元素，以及在设计教学版本和研究参考中的有重大贡献的关键人物。

第一幅草图显示了椅子的基本组成部分和预期的整体形式特征。

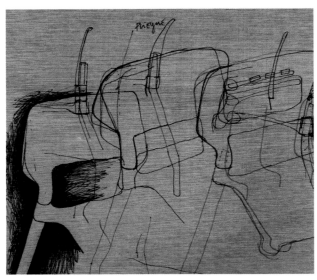

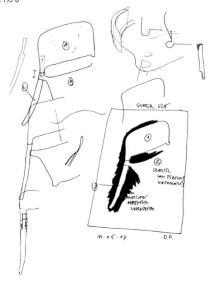

不同的背部细节图，展示了椅子靠背、后腿和座位的关系，体现了三者之间的连贯性。这些设计图都是在一块胶合板上绘制的。

扶手椅变体主要部件的图纸。该设计图是在胶合板上用圆珠笔和白色蜡笔完成的。背景阴影是为了突出主体物。

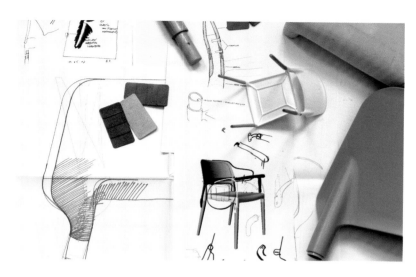

在项目开发的高级阶段，通常可以通过缩放平面图和3D渲染效果图来对产品进行变更和说明。

在售的贝勒餐椅。照片由Santa& Cole公司提供，卡梅·马西亚拍摄。

项目介绍

贝勒餐椅意在成为一种适应性强且经济的产品，在集体或私人空间中都可以使用。无论在室内还是室外都可以大量放置，其设计者说它是"非常有用的椅子"。

其主要特点就是两种材料的紧密结合：塑料和木头。这种结合会引起兼容度的问题。它的形状令人想起20世纪50年代第一件舒适的塑料家具。

在开发过程中，制作了一系列关键点可视化的草图。了解木脚后腿与座椅和背部注塑部件之间的形式关系，以最大努力解决关键点；在这个阶段，已经提出了一些解决方案，其中后腿是整个椅子的组合元件。椅子的构造建立在座位及靠背的技术发展之上。

环保椅，尊重环境

环保椅是由贾维尔·马里斯卡尔和Mobles 114出版社设计的，致力于优质、可持续的品质和管理。

方案介绍

起初，环保椅旨在解决适用于教室、图书馆、康复中心等环境的设施。这些环境需要很好的解决方案，因为它们将会暴露在拥挤的环境中，并且与周遭环境融为一体。

简介还要求深化对象与环境的关系，制定新的更加恭敬的制造标准，其目的是生产出100%可回收再利用的产品。

概念、局限和机会

马里斯卡尔的执行方式是基于传达用途的具体需要：研究20世纪50年代的标志性的作品先例，以及用已知的概念进行个人重新诠释，以完成新的类型替代。

椅座和椅背是整体注塑成型。神经线的作用是提供足够的阻力，是产品语言的重要部分。图纸，则通过赋予产品意义的概念，以一种自然的方式将不同部件整合。

首先，使用马克笔绘制，寻找产品的类型和可识别的特征。基本的可识别的形式让位于不同色调的纹理。

在这一系列的三幅图中，有一幅较大的图是这件作品的平面图，试图找出纹理和结构的问题并解决。

GADIRA one moore time!

Roc and Roll Chair.

根据第一个模型的照片，用马克笔绘制的图纸。

以1:1的比例对纸板中的体积模型的打印照片进行纹理测试。

图纸或赋予对象灵魂

马里斯卡尔设计和图纸的特征是，让物品拥有其自身特性。他像对待人物一般围绕着物品编织故事，形成将物品与指示物、风格和用途相关联的连接，始终展现出充满活力而极易辨识的角色。

图纸是以非常详细的方式总结概念的媒介。而线条是主角，是即兴却又极具描述性的痕迹，它纹理丰富，让人觉得更像是插画。

该作品的最终方案，从连续的折叠形式寻找一种舒适的共存方式，让结构脉络以一种自然的方式融入设计，而不是简单地添加。纹理和椅腿的解决方案是该项目的另外两个重要方面，在之前的设计图中已经介绍过了。

在售木质椅腿产品照片。还有堆叠管椅腿可选。格洛伯斯拍摄，Mobles 114提供。

微笑椅是由利沃尔·瑟尔·莫利纳工作室设计，安德鲁世界（Andreu World）制作生产的项目。该大型计划旨在探索北欧制椅传统的精髓。

相对于其他相关设计的聚焦点，北欧家具的特点在于温暖和亲切，致力于家庭生活和品质的实用价值理念。奢侈品是公认的与卓越相关的产品，而不是外观或地位。这个理念与其独特和强烈的文化性是不谋而合的。

第一幅草图试图捕捉产品的概念，就像是标志或符号一样。方案的早期阶段已经具有最终产品的可识别的基本特征了。

微笑椅

参考和先例，产品交互

微笑系列融合了大量这样的理念，这也是为什么催生出它的特征——整合、细致，但同时又是标志性的具有强大建设性的意识，它是由先进的木质结构技术知识支撑的。此外，它以完全清晰的方式管理传统解决方案。如阿尔贝托·利沃尔自己所说的"设计是沟通"，微笑系列同时与所有的价值观相关，并以精确和干净的方式呈现。

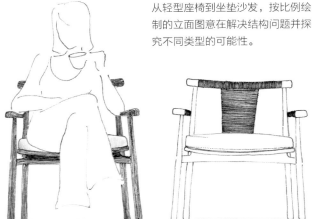

从轻型座椅到坐垫沙发，按比例绘制的立面图意在解决结构问题并探究不同类型的可能性。

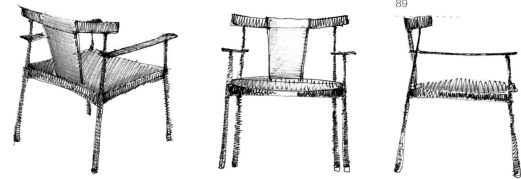

临摹纸上的立面图。这样可以快速绘制部分过程，还可以快速修改。图纸用圆珠笔直接绘制，彩色铅笔加以强化。

演化：
作为合成工具的第一条线

草图的目的就是用线条捕捉想法，寻找一个坚实的论据，这是一个具有极大视觉强度的通用识别语言，可以开发产品的各个部分。因此，线条更像是符号或字母表中的字母，与所有项目的想法和价值观相连接。图纸在不断改进，确保没有扭曲最初的设想，然后集成最终产品。

在第二阶段，有了不同比例的立视图，除了提供每个组件的特定维度，还有纹理和材质。另外，在这个阶段确定了作品的态度：在结构上引入小变化，同时在布局和比例上下功夫，同一件作品可以是平静的、紧张的或者激进的。

该产品的类型规定了图纸的特点。色调应该是相似的，花费时间在木质纹理上表明对这种材质感兴趣。

成品图，由"安德鲁世界"提供。

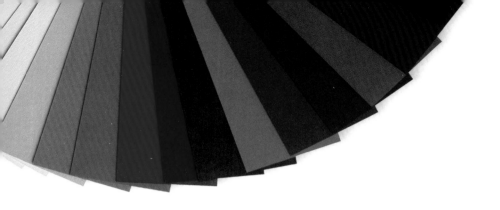

从皮料

贾维尔·马里斯斯卡尔
莫罗索出品的爱情家具系列图纸，
马克笔绘制。

到结构

饰面家具不同于其他只存在单一风格的家具，在其发展过程中，有着各自不同的风格。从整体上来说，它的设计理念从外部一直到内部类型、形状和外观，也就是说一个用户只要看一眼就可以认出那些变化多样的家具。然而这项工作在产品技术发展的初期，只看椅子外观是很难用正确的方法表示出舒适的理念的。

只看一个家具，尤其只看设计图上的线条，是很难领会其设计理念的。清晰的参考文字和说明图像可以帮助我们了解产品的设计理念及语言，帮助我们在设计过程中实现更有效的交流。

果壳沙发

果壳沙发（Favn Sofa），Favn是丹麦语，意为拥抱。杰米·海恩的初衷就是想通过这个家具传达一种全新的舒适概念，但同时也是对弗里茨·汉森设计公司传统价值的解释和重现。

概念

作为历史悠久和驰名国际的制造商，弗里茨·汉森有其典型的理解和制造家具的方法。其目录涵盖真正的设计界的标签，如蛋椅和天鹅椅，以及阿恩·雅各布森的七系。弗里茨·汉森想从自然界中寻求产品的有机感，他的起点是软体动物壳的形象，外面是一层硬壳，里面却如同拥抱般柔软舒适。

该项目的另一个前提是图像的分辨率。如同雅各布森以前公开的作品，这个环绕式家具会大范围传播，因此每个视角都必须非常清晰。

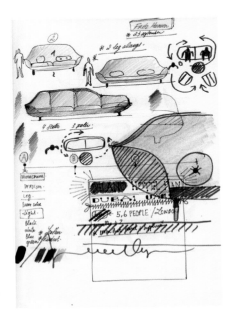

开发设计图运用了多种技术。彩色铅笔和马克笔的结合运用是为了使作品更加栩栩如生，并突出其建设性的理念。

概述座椅的侧视图，研究椅腿、结构方案，所有这一切都同时融入设计。

结构分析的正视图，描绘和展示组成家具的基本要素。专注于细节，因为这些是定义沙发的重要元素。

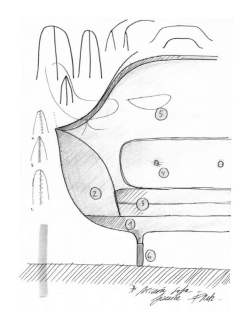

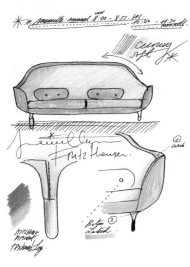

概念发展

项目需要通过在加入信息的各种草图中来推进。一旦细节以不同比例得以解决，那么整体的构成也就确定了。此外，在这个过程中，需要将家具置于完全即兴的虚构环境中，包括其范围内的其他部分。对于海恩来说，重要的是有参照，一个有丰富的话语的特定世界有助于接近设计，提供内在联系。

他所使用的工具是不同的马克笔、石墨和彩色铅笔，以及圆珠笔。每张图纸都有及时记下的备注，其中有详细的说明，即使是较次要的，也不应该忽略。所有的信息会让人们清楚地认识到哪些会是最终结果，哪些变化会在过程中被淘汰。它关注于结构和建模，关注于选择或强制以一种即兴的方式显示新的解决方案和隐藏的细节。

沙发成品的照片由弗里茨·汉森提供。

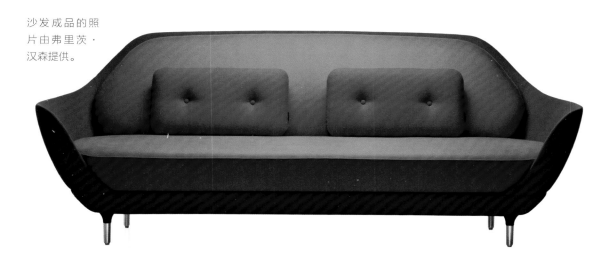

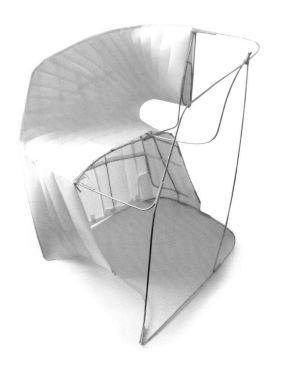

测量容量的初稿渲染研究草图。

贝壳椅

贝壳椅（Om Chair），马丁·路易斯·德阿苏阿设计，受 Mobles 114 公司委托。

Mobles 114公司是致力于公共空间家具的出版社，其手册涵盖椅子、桌子、书柜以及辅助家具，提供整体服务。

项目简介

在简介的一开始，为了尺寸的严密先要确定椅子的类型，保证两个椅子间55厘米的最大距离，类似于常规扶手椅的空间。

此外，该物是旋转成型而来，这是一种用单一材料制造大体积物体的工业生产过程，100%可循环利用的聚丙烯。这样的家具适用于室内外，轻巧耐用。

用简单材料表示的比例为1:1的模型3D图。

从拉链开始的壳体开发图。

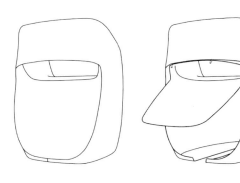

方案的演变

在项目的开始阶段，已经提出几种形式上和类型上的替代方案，并且还有了快速体积测定草图的3D方案。因此，开发出方案的具体方面，直到第一件符合所有参数规定的。

由此，用金属棒、胶带和纸板制成1:1的模型。路易斯·德阿苏拉认为这不是一个模型，而是一幅3D材料图纸，其中栅代替了线条。一半的组件被纸条覆盖，在平面和内部之间的产生过渡。这种方法可以推进对象的开发过程，替换传统画法。

体积一旦确定，就要开始考虑表面要运用的纹理。这些纹理受到微妙的树叶投影的自然图案所启发。此外，还研究了更中庸一些的基于几何形式的方案。壳箱有不同色彩，可以通过拉链将零散的部件组合起来，产品的最终形状与装饰方案完美结合。

几项关于在产品上装饰纹理的研究建议。

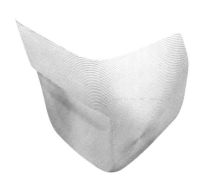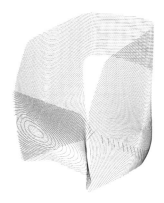

贝壳椅的两种装饰方案，照片由格洛伯斯拍摄，Mobles114公司提供。

爱情系列家具

爱情家具（Mueblesamorosos）是贾维尔·马里斯卡尔为莫罗索（Moroso）设计的。这套家具多种多样，从源于躺椅的沙发到流行的翼椅，都是对装饰性家具的重新诠释。

莫罗索是意大利的著名品牌，在家庭家具、配件和定制家具方面连续五十多年遥遥领先。其目标是有步骤地追求卓越的质量和家具制造。

设计过程

马里斯卡尔探索了现代运动的不同类型，并用当代的线索对其重新定义，寻找线条中最大程度的简化，可以在每个产品中看出。每件作品的构造都是来自于可视的姿态和最明显的典型剖面，完全自由。一些需要更流畅和持续的感觉，典型的更舒适的语言；而另一些则是由可变几何体建构的，打破线性和统一，更具商业特征。这种办法可以充分利用座椅、靠背和扶手的传统结构。语言是自愿的有机的，有时候一个流线的形式就是扶手，一切都来源于自然的形式。

在某些情况下，会有一些直接的参考资料，例如亚历山德拉椅，这是阿尔·雅各布森在结构上对蛋椅致敬，从单一的包装和流畅的部件传达出居住和保护的理念。

对亚历山德拉椅的形式研究，从最抽象的雕塑到对20世纪50年代经典椅子的综合。

研究Hotel 21座椅以及爱情系列沙发，其受自然形态启发将传统产品的规则块状结构转变为具有鲜明个性的不对称元素，体现出舒适与更休闲的用途相结合所产生的价值。

多功能家具

这些作品的探索和定义是从马克笔绘制的线条图开始的，每张草图都是一张插画，它提出一个故事，一种新的情况，引入新的可能性和应用，影响材料和用途的方式。所以，这把椅子就像是操场，其他时候，它又像一块随着使用不断生长的土地。一种舒适感，让人不禁决定更多地使用这个物品。在更自由的形态下，受自然环境的启发，功能会获得一种命题价值，拥有更亲切和丰富的价值和含义。

草图是最终效果图的基础和途径，以合约为导向。

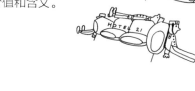
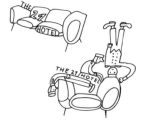

由不同纹理和材质构成的椅套。其创意点在于接缝的运用。

苏拉·玛丽娜绘制的沙发草图，形式展现了用途和舒服的理念，以及对饰面纹理的研究。

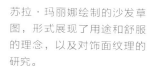

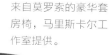

来自莫罗索的亚历山德拉椅的最终成品，马里斯卡尔工作室提供。

来自莫罗索的豪华套房椅，马里斯卡尔工作室提供。

静默系列是由巴塞罗那的里卡德·费雷尔在2000年为Sancal设计公司而作，包括两个互补的部分——椅子和脚凳，可以一起使用，也可以分开使用。

静默系列椅子和脚凳

项目定义

Sancal是高品质的装饰家具制造商。目前，它拥有一个很强大的产品体系，包括具有时代性、创新性和折中主义的家庭和公共空间装饰家具，摆脱了传统主义和统一性，有利于创造出更亲密、更开放的氛围，更贴近用户。

概念和理念为起点

静默系列椅子和脚凳诞生于双重反思：一方面是关系休息休闲之用的意愿，另一方面想创造一个可以适应任何真正的家庭空间的产品的意愿，因为许多装饰家具貌似都是针对乌托邦杂志空间所作。

方案草图意在通过识别第一有效途径确定物体特征。

形态化和简化的石墨铅笔和单色彩铅速写，将注意力聚集在产品上。无扶手的概念得到加强，可以与辅助件配合使用。

提案的标准与格式

　　椅子是包围式的为人们所认可的经典形状。椅背要体现出包容感，而没有扶手是为了行动方便，也更便于使用其他辅助家具。可以想象这样一种感觉：一个人舒适地坐在椅子上阅读星期日的报纸。

　　与主要配件相辅相成的脚凳正适用于此。不使用时，整体的长度就会减少。脚凳作为一件辅助家具，可以当作支撑部件或临时座椅。

开发和展示材料

　　最重要的任务是将想法中的具体用途可视化。在一些图纸中，对象被拉近，并赋予其指定的用途。然后，按照1:10的比例绘制一些初步的立面图，这对于准备草稿材料很有帮助。其中包括整体渲染的2D立面图和椅座的平面图，用来讨论椅座的创意和结构。有了这些图纸，客户做出了第一个原型，紧接着就是最终的了。为了获得好的头部支撑，靠背的高度和倾斜度进行了微调。

　　常见的是，在开发没有模具或制备工艺昂贵的装饰件时，使用模范制造比使用完整的制造平面图更容易更快速。

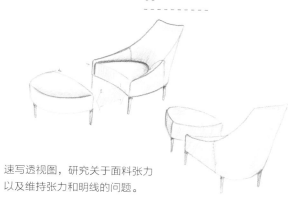

速写透视图，研究关于面料张力以及维持张力和明线的问题。

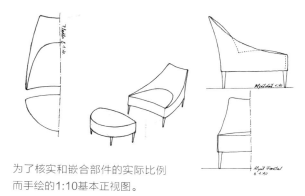

为了核实和嵌合部件的实际比例而手绘的1:10基本正视图。

给客户展示的渲染效果图。直接用Photoshop渲染，对不同的软垫块进行建模，就像是喷漆画一样。

最终产品照片，Sancal提供。

土耳其（Turca）沙发由安东尼·奥罗拉设计的，这是一种原始的诠释，灵感来源于当今饰面椅的趋势——土耳其床具的传统概念。它包括一个沙发或者椅座，以及几个随意摆放的坐垫，随时随地给人一种舒适的感觉。

这个设计有基本模块化的椅座元素，并配有长条软垫抱枕。抱枕可以单独使用，可以自由组合。松软的靠垫具有不同的规格，加强了产品使用的自主性。

作为补充，引入了其他单个元素，例如与沙发颜色匹配的地毯和可以独立地或组合使用的茶几。

土耳其沙发

创新的时机

该设计的特征是通过一个简单的体积和比例的游戏来实现的，可以增强每个元素的独立性，打破不同部分的传统阵容。结构可以任意分解组合，家具担任了划分和组织空间的作用，创造了新的可能性。

"L"形组合的透视图，也体现了设计方案的初步概念。

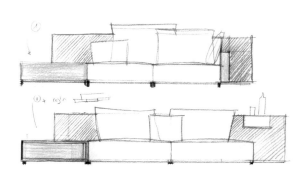

研究市面上不同的组合形式，来评估方案并补充适应性。石墨铅笔和彩色铅笔绘制。

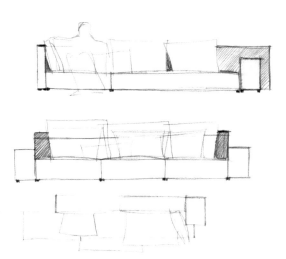

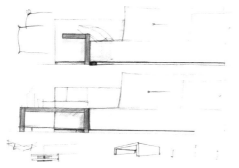
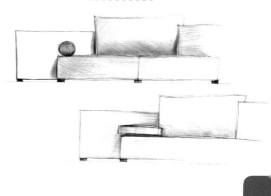

基于前视图的研究：用几个靠垫来支撑手臂并配合一张茶几使用。还可以将座椅与墙体的主要概念可视化，以不同的体积比例表现，石墨铅笔和彩铅绘制。

设计和开发的关键细节

该设计开发的很大一部分集中于研究模块的尺寸和比例，及其相互关系，如储物家具。组合范围也是需要探讨的方面，评估出组合的最多种类，并确定哪些组合是真正实用的和可商业化的。另外，这项工作也可指定有利于展示、拍摄等宣传的组合。

在此阶段中还提出了建设性的细节，例如不同座位的移动和墙体的结合方法。因此，家具的组合形式可以根据空间需要进行调整，甚至补充新的家具，例如可以在座椅的背后悬挂一盏灯。

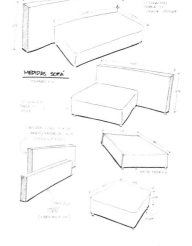

设计细节的基本要素及其详细尺寸。细尖马克笔绘制，石墨铅笔表现阴影。

设计元素之间的拼接细节。给出的方案允许椅背相对于椅座自由移动。

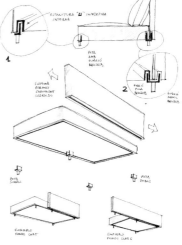

土耳其沙发的销售样品图。裘戴·莎拉拍摄。

储物

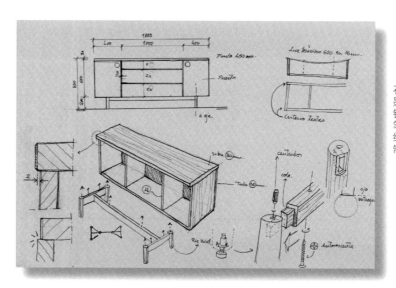

里卡德·费雷尔

具有结构细节的简单的描述性图纸，

石墨铅笔绘制。

家具设计

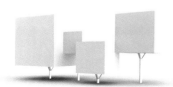

为了让一切井然有序，有一种类型多样的家具可以满足人们的需要用来整理住宅或办公室。一开始，它们由盒子变成了大箱子，之后逐渐细化，因此就有了放置衣服、餐具、工具、书籍等的家具。这些家具都有专门的名字：抽屉、餐具柜、玻璃橱柜、书柜、边桌、饰品柜、衣柜，等等。

实际上，除了这些独立的构件，整体设计也很重要，它们为特定的空间提供了适合的解决方案，优化了空间和功能。另一些集中于特定空间（例如厨房和浴室）的设计方案，我们会在后面举例。

从构成主义到住宅

几何设计方案的灵感源于先锋的艺术，例如构成主义、具象和系统化艺术。比森特·马丁内斯为Punt Mobles（西班牙家具品牌）设计了几何系列方案。这个庞大的方案可变性很强，仅基础元素就能创造出许多的可能性。

项目介绍

几何设计方案包括五种高度、两种深度和两种宽度的模块，可以组合出无穷的方案。该方案能产生不同节奏的构造，用运动打破大型家具中常见的千篇一律感。它试图寻求一种体积均衡的形式感，以唤起诗性与和谐感，以及几何的严谨性。

门把手和抽屉把手通过一个简单的姿态就可以解决。正面显眼的折痕是一条垂线，帮助定位可移动模块的位置。还有一个滑轨玻璃门的柜子，将玻璃门滑动至木门之后即可打开。

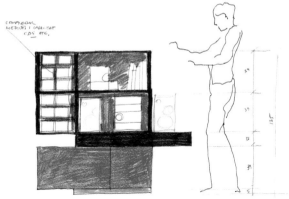

主视角为几个较商业化的组合的正视图，应用统一的度量和格式。这样可以探寻设计方案的局限，可以知道这个方案是适合的还是过于夸张了。

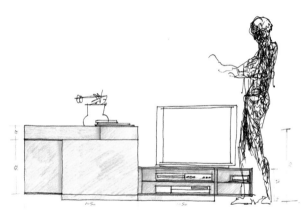

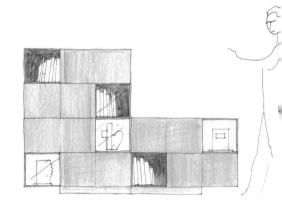

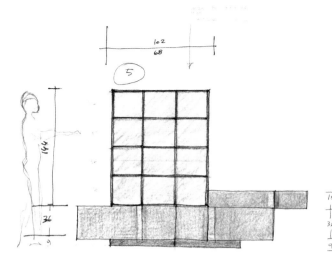

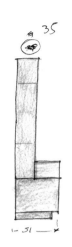

1:20的前视图和侧视图，尺寸较小，通过高度和厚度的调整探索设计方案的可能性。

方案的发展

从之前描述的艺术资料中，产生了引入无穷变量的体系。最初的发展之一是，评估实际组合的有效性，为聚焦提案的功能局限而重现各种情况和环境。

分清主次是任何开放的设计都有必要进行的练习。类似的大量设计都是通过小纸模拼贴和彩色铅笔绘制的前视图来完成的，这对于定义具体的应用是有用的。在这些立视图中，真实场景得到再现，尺寸的节奏和人物是整体比例的参照。

鸡翅木家具，融入灯光元素。装饰强调趣味性和可移动性。

从草图到车间

从第一个方案到最终完成的过程中，对最佳视觉组合方案的探索非常重要，因为这是家具设计开发决策的关键。这些材料甚至可以是项目呈现方式的一部分。

目录照片，Punt Mobles公司提供。

自组装家具

1974年，通过这个系列卡尔斯·瑞亚特开创性地提出可拆装家具这个概念。一个完全当前和当代的例子。

简介和前身

瑞亚特是一位伟大的家具设计专家。他非凡的事业，体现在他对木构造技术的专业知识，以及通过类型研究进行的创新。他的设计极富人文主义精神，细节也很具诗意，致力于记忆和家具传统是他工作中的两个常量。

设计动机

当面对找到一个可能会冒险的工业工作室的困难时，这个目录最初是由瑞亚特自己的工作室编辑的。这项设计诞生于1974年经济萧条时期，需要最低的成本。为了便于运输收纳柜被拆解出售，并且无需工具就可以自行安装。

他的项目是当前组合式家具结构的先驱。该设计荣获ADI三角洲设计大奖的最高奖项，其国际评审团包括埃托·索特萨斯、理查德·萨珀和何塞·安东尼奥·科德尔奇。

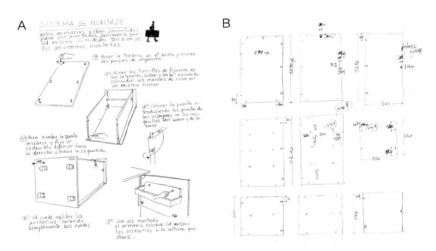

家具组装指南原稿（A）。家具爆炸视图原稿，具有所有必要的参数信息，以此确定各个部件的机械化方式（侧面、门和架子，B）。

详细阐述家具装配过程的草图，用马克笔和彩色铅笔绘制于植物纸上。

方法论与图纸的实现

　　设计图的演变被设计理念的基本规则所制约。标准胶合板最佳尺寸是2.44×1.22mm，可以用作一切的基础材料。有几个方面是在项目早期阶段需注意的：易于组装，不需要事先了解知识和使用工具，每个部分都充满严格的规划，即时解决，通常隐藏于内部的结构元素都被展示出来。

　　瑞亚特用铅笔直接绘制在硫酸纸上，这样可以方便描摹图像。描摹就是保留不变的部分，加入变化和替代的部分。在这些草图中，可以看出不同的类型和研究方法。该方案的另一个基础组成部分就是图形演示，方便用户拆卸，带回家安装。

　　在这两页里展示的设计原稿仅是卡尔斯·瑞亚特的所有归档资料的一部分。

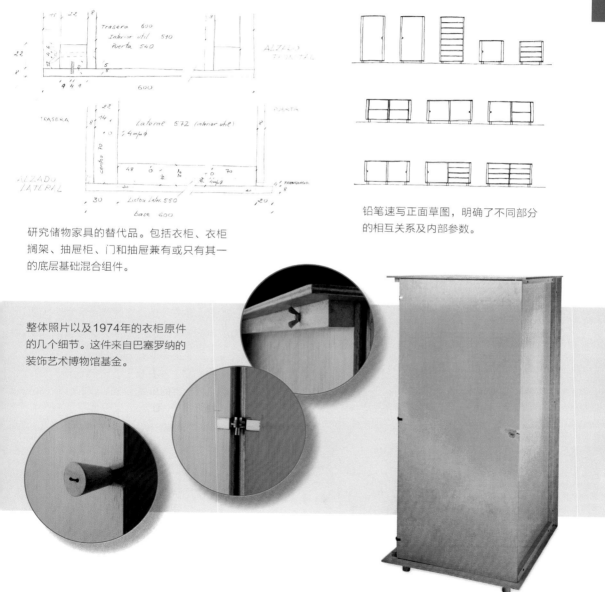

研究储物家具的替代品。包括衣柜、衣柜搁架、抽屉柜、门和抽屉兼有或只有其一的底层基础混合组件。

铅笔速写正面草图，明确了不同部分的相互关系及内部参数。

整体照片以及1974年的衣柜原件的几个细节。这件来自巴塞罗纳的装饰艺术博物馆基金。

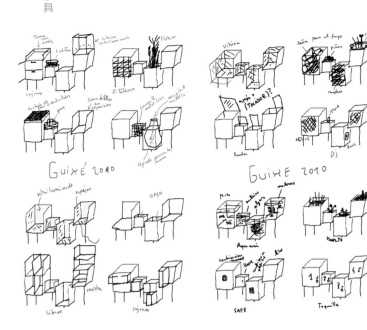

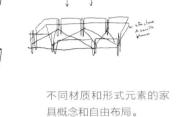

不同材质和形式元素的家
具概念和自由布局。

用手写板绘制的元素自由组合的草图。

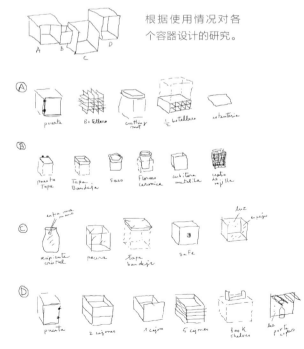

根据使用情况对各
个容器设计的研究。

自由组合柜

　　这个独特的设计是由马丁·吉克赛为巴塞罗那BD集团所做，其特点在于多样的部件及其随机的分布。在这种理念的背后，隐藏着家具最重要的价值：要有计划但不要强加功能。把它设想成一个不需要的部分，它就变成分隔空间的元素。这个设计方案还包括适应不同情况和环境的替代方案。

作者

　　马丁·吉克赛的工作是寻找设计领域的新设定：他提出了对待对象的新方法，并在不断发展的过程中引入变量，例如消费者的积极参与，以及对设计师角色的评估和与用户的关系。这种方式的具体体现是，拒绝将设计看作关注产生视觉物品结果的活动。吉克赛被定义为前设计师或称谋划者，这种独特的定义使他能够采用挑剔和批判的态度来指导开放、目的明确的工作理念。

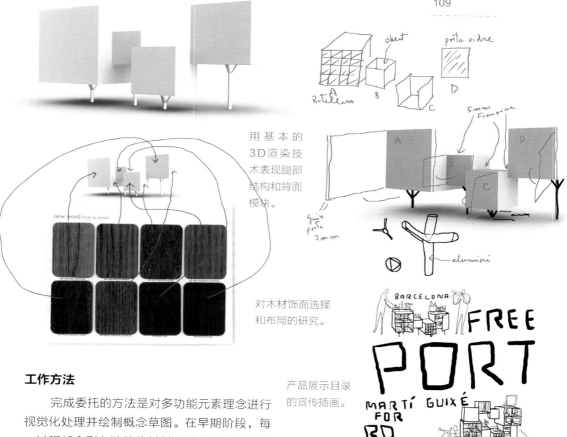

用基本的3D渲染技术表现腿部结构和背面模块。

对木材饰面选择和布局的研究。

产品展示目录的宣传插画。

工作方法

完成委托的方法是对多功能元素理念进行视觉化处理并绘制概念草图。在早期阶段，每一过程都会引入独特的材料和形状元素。逐渐地，物体简化为具有一致连贯外观的不同尺寸和饰面的立方体序列：根据必须解决的用途和功能对早期结构进行研究。一旦整合了布局，就可以制作简单的3D效果图，集合每个模块的可访问性、基底、饰面和固定元素。

绘图媒介

吉克赛运用的工具是铅笔、钢笔和圆珠笔。素描簿上的草图有序地诠释了他的设计理念，就像连续镜头一样。而且，其他更先进的绘图也会出现，这些图直接在平板电脑上作出，不会过多关注图像的分辨率，甚至很多情况下，看到线条上的像素，便构成整个研究工作具有特殊的区分化要素。

最终成品照片，巴塞罗那BD集团提供。

以视觉连续性作为出发点的德国博德宝橱柜Plusmodo系列，由乔奇·彭西设计。

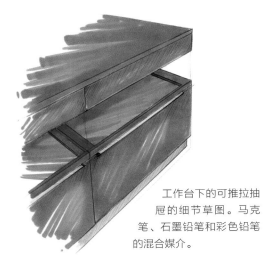

工作台下的可推拉抽屉的细节草图。马克笔、石墨铅笔和彩色铅笔的混合媒介。

厨房，会面的场所

项目介绍

Plusmodo包括一系列广泛的元素和解决方案，可以使厨房存在于传统环境和开放空间中，并与房屋中的其他房间建立自然和持续的关系。

这个设计方案包括一系列构成产品特征的功能和独特的构件。这些革新改进了家具的关键部分，例如组织、设计条件和可行性，它和消费者形成了一种全新的联系。

在这个设计方案所提供的解决方法中，可推拉托盘成为工作台下面的展示柜，相对于主体而言，它看起来像是悬浮的。前面的铝型材光墙集合了插头、开关和厨房用具悬挂钩。

立式大衣柜具有滑轨门，占用空间较少。具有玻璃背景和内外双向照明的高大家具的变体，增强了光线为主的整体气氛。

此外，该设计方案包括无限的参考和饰面，可以根据任何空间的需求调整，并根据用户的喜好和品位进行定制。

使用彩色铅笔和马克笔绘制的混合媒介图纸，下部组件与托盘。此处出现的锅具有助于确定比例和环境因素。

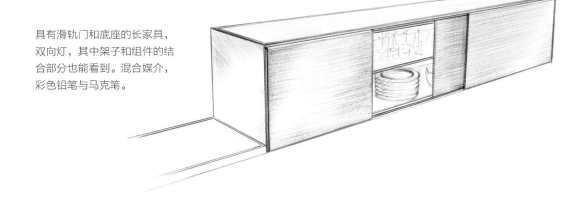

具有滑轨门和底座的长家具，双向灯，其中架子和组件的结合部分也能看到。混合媒介，彩色铅笔与马克笔。

发展过程，从细节到环境

在家具的开发过程中，有两种不同类型的图纸。

首先，图纸是用于确定设计具体方案与结构性细节的。它可以聚焦于一个结构的一个或多个部分，准确反映出该家具的构造规范、易用性和其他单一结构元素，并在必要时提出一些解决方案。

第二种类型是通过真实的家具评估组件的容量和系统的极限。方案不是特别精准，房间是从基本的小块处理，并按图解提出了整个构造的大致模样。这种方法使方案更加清晰，并在一个环境中评估和整合出所有的解决方案。

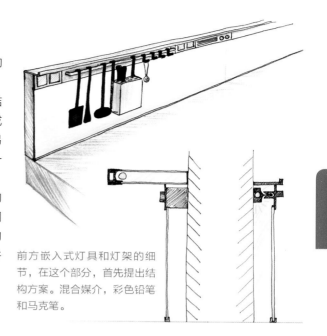

前方嵌入式灯具和灯架的细节，在这个部分，首先提出结构方案。混合媒介，彩色铅笔和马克笔。

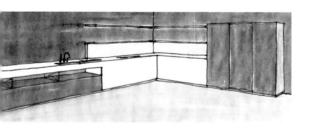

具有不同视角的普通房间，其中最重要的是确定设计方案的可行性和局限性。铅笔和马克笔绘制。

最后产品环境图，博德宝提供。

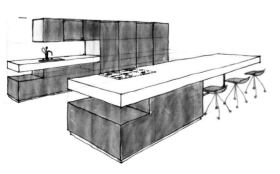

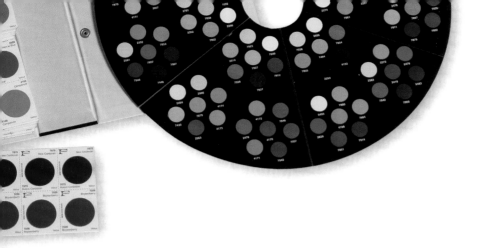

辅助家具：

彭西工作室，座椅设计方案，混合媒介，马克笔和彩色铅笔绘制

多功能组件

　　常规使用时，这些产品可以解决非常具体的问题，它们可以用作支撑构件或者临时使用。

　　很多辅助型家具都是从主要类型中衍生出来的，例如边桌；其他的更加特殊，例如墙上梁托。决定什么是附属物件什么是产品之间的区分，有的时候非常不明显，对于办公配件就这一点尤其正确，而办公配件是由办公家具、产品或桌面配件等构成。这种不确定性不是问题而是机会，它开辟了新类型的研究路径。根据材料和过程的呈现和使用，为其他家具类型的衍生提供了机会。

螺旋椅，多功能辅助座椅

由乔奇·彭西为Mobles 114设计的螺旋椅是康复空间、办公室、社区空间或家庭椅子或长椅组成的大型产品的一部分。

最初的设计细节，有裸露的金属件，原稿使用混合媒介绘制。

家具说明

该设计的主要特点是在座椅主体中使用了整体的聚氨酯泡沫材料，更舒适。同时，这种材料是不需要维护的材料类型中性能最佳的。所有这一切都简化了生产过程，全身一体成型，表明光洁度良好，无需昂贵的传统装饰品。

在实践中，这项技术给了设计师巨大的自由度，设计师可以自定义产品的厚度和形状。

设计草图，展示座椅和椅脚不同部分之间的接合。图中包含聚氨酯主体的内部结构的不同方案。组件的轴线有助于了解其形状和不同方向绘制曲面。

设计过程

一体的曲面座椅将所有部件连接在一起。据此可知，主体决定了产品的特点。

设计的重点是围绕椅脚展开的。这个方案一定要平衡，连贯一致，主要是不应动摇椅座的中心。这是运用彩色铅笔和马克笔的不同技术完成的，在立面图或仰视图中强调了不同的强制视点，将接合方式清晰呈现。座椅泡沫可以有多种颜色选择，而椅腿是固定的中性金属色。在第一张草图中，能看到座椅的支撑部件，它是连接座椅与腿部，并使之转动的关键部分。

聚氨酯座椅与旋转系统令产品呈现清爽和连贯的外形。

第一方案透视图。必须细心观察椅座和底座中的辅助支撑线，以正确定位整体视角。

成品图。格洛伯斯拍摄，Mobles114提供。

连续的简单
草图。在进
入房间前把
问题解决。

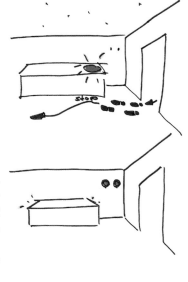

首要方法，从
照片下方开
始，很大程度
上依赖于添加
的设计方式。
使用圆珠笔绘
制。

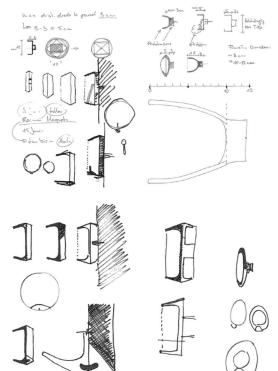

壁挂架，收集小物品

萨沙·比舍夫设计的墙壁挂钩，诞生于一个特定的设想，这个设想是留意日常生活的结果。当人们回到家，不知道该如何处理包里的东西：钥匙、手机、书信，等等。我们通常都是将它们乱放，结果就是很多都找不到了。最好的情况就是有一种家具可以收纳它们，而占地面积又不能太大。

图像制约发展过程

面对这个共同的问题，需要设计出能够传达双重功能的形式：一方面是衣架，另一方面是周到的储存空间。拍摄的照片可以清楚地说明这一概念，并由此开始衣架的设计过程。

我们应将所有努力倾注于用形式简单、普遍认同的概念来达到这个双重问题的要求。在早期阶段，有些形式便于储存却没有正确传达悬挂的功能。

这些墙上的茶杯照片有助于集中表达产品的概念，但同时也过分地制约了自身的发展，把两个功能区分开了。在任何时候，拍摄照片都是一种有效地展示理念的方法。

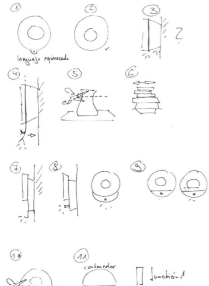

从草图中可以看出不同的加工方法生产的产品形态和基本尺寸。

通过基本形式概括产品，有助于用户更好地理解和认同产品。

图纸与照片

其他概念也纳入了考虑，它们源自体积的想法，通过切割、具备异常运动的多个部分或者由于复杂或含其他材料而被弃置的小挂钩，这种体积的概念得到了增强。逐渐地，它们已经被合并和恢复成为根本的或基础的形式，以遵循预期的生产流程。

五个圆点成功将注意力吸引到了墙上，通过五个机械加工而成的简单优雅的几何图形实现了与用户的完美交流，并诱导他们去发现功能。而且，一条切割物品、限制两项功能的水平线被划出，这种方式通过形成最终产品的特色，实现以形式传达信息。

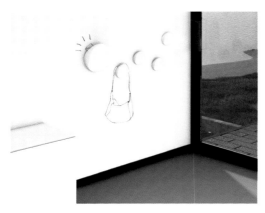

产品展示。元素之间的关系清晰可见。还有一种款式是具有相同的形状，但尺寸小一些，如同没有储存功能的衣架。

产品照片

Hiro，多功能卫浴家具

Hiro是巴塞罗那的里卡德·费雷尔为宇宙工业设计的系列。

它是一种悬挂于墙上的替代传统浴室配件的家具。最初的设计是独立的金属构件，后来想法有所改变，出于耐热性的考虑转用木质材料。通过这种方式，环境中产生了自发的对比，该环境通常是不太舒适的，甚至有些冰冷的功能材料表面。

特定环境分析

物体类型开发的另一个条件是将其放置在小空间中，这在普通浴室中很常见。为了这个目的，就要对空间进行分析，尤其是浴室的部件之间，以及新配件和用途。其优点在于多功能性，也就是说每个配件应该拥有一种以上的功能，这说明其功能超越传统的固定件。

从类型上来说，简略图仅是用来尝试不同的样式，因此并不能确定配件的数量，也不能准确描述它们。

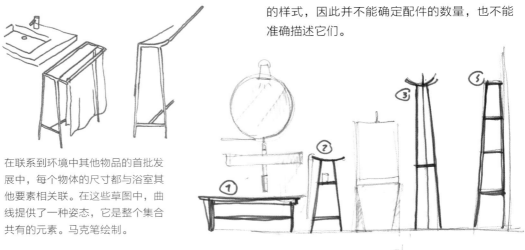

在联系到环境中其他物品的首批发展中，每个物体的尺寸都与浴室其他要素相关联。在这些草图中，曲线提供了一种姿态，它是整个集合共有的元素。马克笔绘制。

可以看出托盘与侧面的构造细节。托盘虽是结构元素，但它的面板不能弄脏。

位置研究。在开发过程中，完成产品针对实际环境的调整。石墨铅笔绘制。

通过被认同的双重概念来定义这些组件，例如无毛巾架的置物架、置物凳、带毛巾架的置物架，以及带全身镜的储物柜。

在结构方面，这些木质结构与管制传统椅子相似，以便更灵巧、更易组装。

在这个过程中会出现一些问题。从功能角度定义最佳的轻型件，它是相对于材料数量和物品重量等相关的重量感而言的。要重视"更多即更好，清晰则更贵"的观点，它能激发购买欲，但最重要的乃是要尊重最初的理念。

聚焦于整合的设计过程

设计的完善通过快速草图来实现，从这些草图中可以看出与另一些卫浴配件的联系，以及有助于确定家具比例的关系。

对毛巾架构造的探索，似乎可以由曲线的姿态终结——这一形式能够极简地体现方便实用与贴近用户。最终，这将担当形式上的主题，为整个系列带来连续性。同时，也得以确定每件家具各自的特征，而无需多做调整。

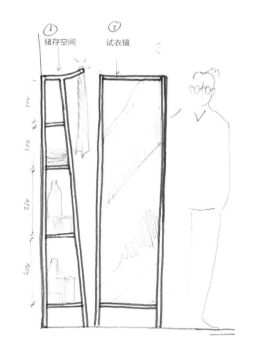

存储格元素。它有两种选择：有全身镜和无全身镜，有毛巾架和没有毛巾架。该图纸基于其收纳的物体，研究储物架的形制。

成品照片，宇宙工业提供。

手绘家具的类型和谱系

不需要想太多椅子在人造物体中的特殊地位：椅子及其前身——凳子，和我们相处了有三千年了……

—— 德恩·萨德吉奇

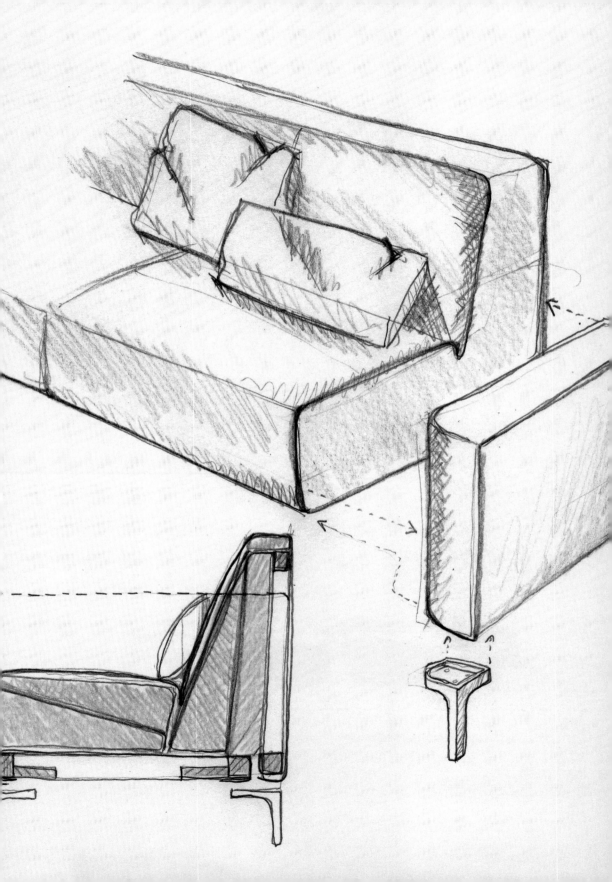

家具界的

彭西工作室

皮艇椅（KAYAK）图纸，

混合媒介，圆珠笔、马克笔

和彩色铅笔绘制。

三大支柱

如果我们一定要给不同类型的家具画一张家谱图，那么将会有三大基本家族：椅子、桌子、储物家具。本书的这一部分，将着重于呈现其中每个家族的关键代表作，并会举出一些反复出现的具体问题，以便尽可能全面地提供关于该课题的信息。需要指出的是，这幅家谱图早在初期绘制阶段，便融汇了大量信息，囊括概念、构造、技术等方面，而这些都将呈现在最终成品中。这种命题资料在面向客户的正式展示中非常有用，甚至比再精巧的展示技术都更有价值。这是由于，综合的组成部分是以最模糊的方式留存住了提案的本质概念，从而引发不同的解读。

A

B

C

D

E

椅子，经典类型

在家具行业，椅子无疑是一个参照元素。纵观历史，工匠、建筑师、设计师们已研制出了繁多复杂的类型，可分为以下几类。

历史上的椅

涵盖每一种经典风格，足以构成家具的历史，对应着历史上各个时代的风格。这些器物包含了多样、奢华的装饰，由多个专业分工的工匠作坊制造。

传统椅或大众椅

以木材和天然纤维制成。通过简单的木条或协调的元素来呈现其结构。椅腿的下半部可以通过遮挡物或支架进行加固，如果尺寸恰当、分布合理，可以减少横梁部分，调整整体重量，提高其结构性能。该类型的例子有：北美的摇椅、卡斯蒂利亚椅。1957年，吉奥·蓬蒂设计的"超轻椅"（Superleggera），将这个版本重新诠释到了极致。目前，还有线条更为洗炼的现代款式，但却缺乏遮挡部分，而椅腿更粗。

椅子在多年的更迭变换中已经固定了形制，用最少的线条塑造了辨识度极高的外形：扶手椅是传统风格的典范（A）；1836年迈克尔·托内的博帕德椅（B），1859年同样也是他设计的14号椅（C）；美国流行的摇椅（D）；1957年吉奥·蓬蒂设计由卡西纳生产的超轻椅（E）。

单壳体结构形式椅

20世纪50年代，阿纳·雅各布森设计的蚂蚁椅，抑或是查尔斯和雷·伊姆斯夫妇设计的注塑椅，开创了一种椅座与椅背一体成型的全新类型。椅腿所形成的轻盈结构，根据最终产品的功能，可以适应不同的改版。这些作品的语言更为有机，也有赖于现代制造工艺允许更多形式上的自由发挥。

工业椅

对应具体的用途，如办公椅或集体空间椅，其构思和开发使之更接近于工业产品，而非经典意义上的家具单品。

共同的价值

即使无法对浩瀚的椅子宇宙进行彻底归类，这种分类也是在试图构建一些特征，这些特征代表着可识别的标准，同时也确定了共通的表现策略。在椅子制造的世界里，没有任何新的创作是从零开始的，终究会带有某一个先例的印迹，其中包含着可以让最终用户识别出的一系列价值。这些价值或特征，是构成作品形式语言的关键，是传达应用、用途、方式的根基。

图为自第二次世界大战以来的新类型，现在看来已经是经典款了：1950年查尔斯和雷·伊姆斯夫妇设计的注塑椅（A）；阿纳·雅各布森为弗里茨·汉森设计的蚂蚁椅（B）；潘通椅，新成型技术引入的有机语言的最好诠释（C）；1960年维柯·马吉斯特拉蒂设计的卡里马泰椅，和潘通椅是同一个时代的，是一个不断重新诠释传统木质椅制作规则的很好的例子（D）；以及德国Wilkhahn公司、施密茨和Biggel 设计的办公用椅 Picto（E）。

方法论：如何着手设计一把椅子

制作椅子时，在进行设计之前，通常的做法是归纳市场上已有的产品。获取可衡量、可测试（这一点更重要）的真实样本，是非常关键的。舒适度取决于确定"座位"类型的关键尺寸；通过实践，即使在早期绘制阶段，也有可能辨识出某个新方案的失误和优点。

设计的基础：主要立面图

要概述一把椅子，必须定义三视图：侧视图、正视图、俯视图。依照不成文却众所周知的法则，当这三个立面图在视觉上成比例时，对象的最终结果也会令人满意。此外，比例立面图中的信息比任何透视图都更为精确、真实。后者虽然可以给出整个对象的外观，但同时会粉饰或淡化一些重要的缺陷。

传统上，侧视图是最主要的，因为其决定了对应于座椅理念的倾斜度。倾斜角度，椅座与椅背之间的关系，再加上尺寸，这些是定义一把座椅的特定类型的关键指标。在侧视图中，还可以评价另一个技术方面：堆叠性。

正视图会大量地显示出对象可识别的一面。椅子的宽度也是一个微妙的指标，因为它会体现出一种具体的舒适度理念。

俯视图结构可以呈现出构造的具体方位，不同组件、椅背曲线、柔和色调之间的连接，以及那些小小的消失点，它们会打破正交性，并增强整个结构在形式上的意图。

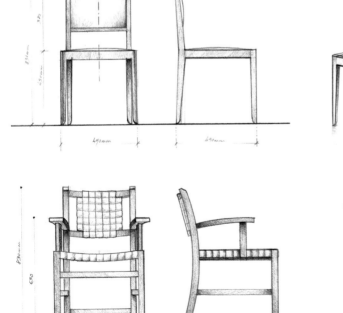

通过不同的基本立场和视角得出的椅子的设计方案，作为方案的基础资料。

从椅子打版中解读经典的托雷斯·克拉夫椅（1934）。

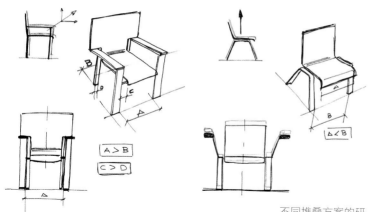

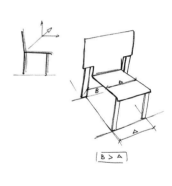

研究展示椅子的通用视点。不要使用牵强的视点，虽然它们可能更具吸引力，却不符合现实。

不同堆叠方案的研究。研究最大可堆叠性。图片由菲格拉斯设计中心提供。

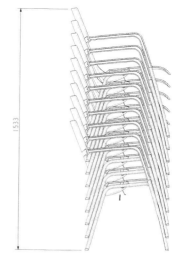

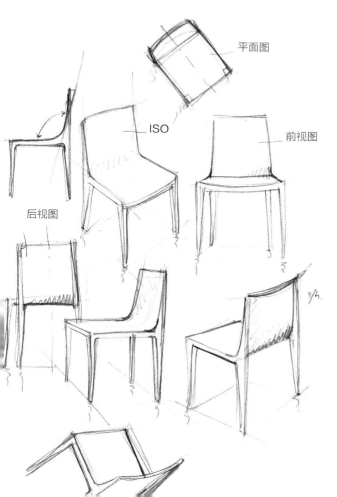

平面图

ISO

前视图

后视图

3/4.

视角和观点：几点建议

视图及其主要指标可以为透视表现提供必要的信息。在选择一把椅子的视角时，应当考虑三个方面。首先，应该选择一个真实的视角，使地平线和视平线处于适当的位置上。将地平线放在座位高度是很诱人的，因为可以创造出更具暗示性的视图，但这样也会让对象产生一种扭曲而不真实的观感。其次，在给对象定位时，必须明确区分前后腿，避免彼此间的巧合相似给阅读增加难度。最后，视角应当提供更多关于方案的信息；观察哪一个才是主视图，会很有帮助。

椅子的人体工程学：健康和舒适

什么是人体工程学？

人体工程学这一领域主要解决的是：在面对不同类型的用户时，如何帮助确定对象的适应性，从而以高效、舒适的方式与用户进行互动。

为了实现这个目的，设计师需要准备不同的工具，其中包括人体测量表。它可以按人口百分比或百分位数组织不同类型家具的尺寸，并按照年龄和性别分类。而且，这款桌子作为各类研究的产物，对于这些椅子的具体情况，提出了针对特定方面的设计指南：椅座和椅背之间倾斜角的关系、基本高度和宽度，以及其他的关键尺寸，例如腰部的支撑距离或扶手的高度。

基于这些信息进行设计是很有必要的，但也需要通过实地考察进行适当的解释和整合。也就是说，面对面地坐在上面体验衡量它们。这些练习可以帮助建立维度和观察经验之间的联系。关于椅子的创意在设计初期就应该体现在设计图上，这就是为什么要加入人体的原因。

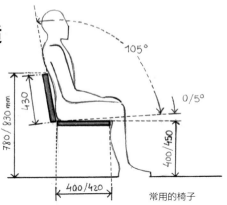

常用的椅子

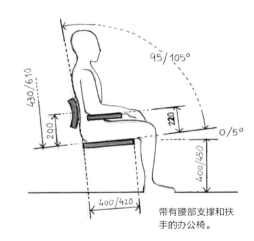

带有腰部支撑和扶手的办公椅。

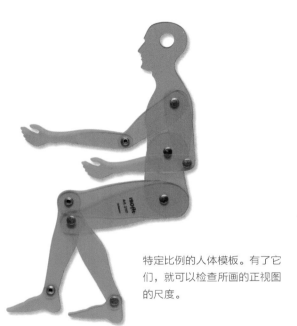

特定比例的人体模板。有了它们，就可以检查所画的正视图的尺度。

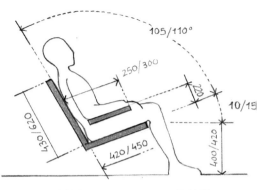

*以毫米为单位，倾斜度为60°

俱乐部椅或称安乐椅

不同类型椅子的总体倾斜度的原理图。根据椅子的类型可以进行更正。

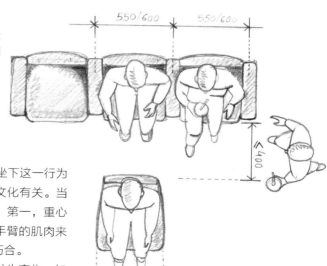

在公共空间中，座位之间的距离至关重要。有一些规则规定了最小椅座间距和过道间的行距，例如在礼堂里。

当你坐在座位上时会发生什么？

从图上看，人体并没有坐在椅子上。坐下这一行为被赋予很大的意义，它与有代表性的自然文化有关。当一个人坐下来的时候，会有三件事情发生：第一，重心前移，这就意味着需要靠腿、背、脖颈和手臂的肌肉来平衡。一个人坐下来需要不断移动并不是巧合。

第二，当坐下来时，脊柱的几何形状发生变化，如果没有支撑或者适当的调整，时间一长，会造成损伤。

第三，人体的重量集中于两个很小的坐骨结节上，它们可以承受很大的压力。

一般来说，每个设计工作室都有自己参照的舒适曲线，它是对应座椅和背部的中心点处的曲线的侧视图。后来，它们被作为检查或更正进行中的设计的准则。

在开发草图中加入人体，比例也以可视化方式展现，这样，可以提议对物件几何构造采用首要方式并恰当地分配支撑点。图片由彭西工作室提供。

软垫椅类型多样，它由舒适的支撑构件构成，包裹在定制的织物中。

尽管软垫椅是由椅子衍生而来，但它们在类型和结构上都有自己的独特之处。

软垫椅，最舒适

类型和构造上的标准

传统技术与现代技术有一些差别。现代的软垫椅包括多个由松紧带紧紧捆扎成网的简单木质或金属件，形成放置海绵垫的支撑底座。此外，海绵垫可以有不同的密度，它们的分布方式和厚度决定了椅子的舒适度。

座椅、椅背和扶手有不同的大小和形状，都被一层填充物覆盖，一种低密度泡沫，它们也被简单的防护织物包裹着。

然后，把所有的组件组装起来，并按照顾客的意愿选定椅子表面的织物或皮革套。在传统的软垫家具中，会用帆布带代替松紧带制成底座，它支撑着手工编织的弹簧装置。

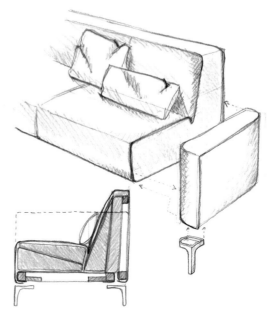

对装有软垫的沙发提案的各分块绘图，以及分布有不同密度泡沫的横截面，这是观察结构的首选方法，使产品结构一目了然。

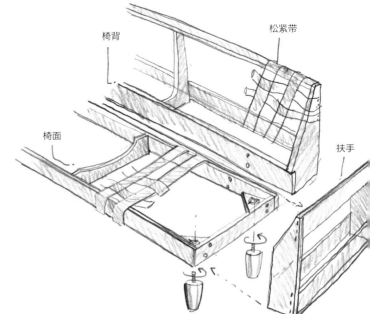

结构设计图。通常，家具作坊会得到包括结构和海绵分布在内的整套设计方案。通过速写草图当场交换意见也很重要。

椅背

松紧带

椅面

扶手

工业软垫椅

　　一般来说，这是个常见的组合过程。软垫椅家具有很强的手工成分。在这些自我推进中，还有一个从其他领域继承而来的更工业的方法，即将泡沫注入金属的装有弹簧的模具中。然而，这个方法应用在家具行业中时会受制于模具的成本，以及当需要生产多个度量和配置的产品谱系时会缺乏灵活性。

优点

　　在一些单独的构件中合理地运用了这种工艺。通常，这些都是有强烈标志性的小规格的独立组件，例如阿恩·雅克布森为弗里茨·汉森设计的蛋椅。这种技术相对于传统构造的优势是，它使结构更自由，使产品形象与组成产品的分块之间隔离开。在开始一个项目之前，应该对家具制作和生产有基本的了解，这样就能够理解可能会对工作产生影响的决定。

　　软垫家具传承了特定的方法，重要的是贯穿项目始终的决策要一致。

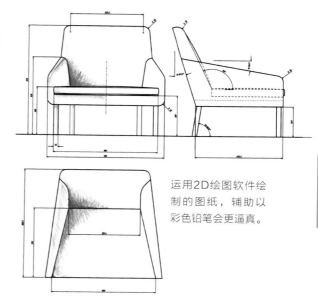

运用2D绘图软件绘制的图纸，辅助以彩色铅笔会更逼真。

绘制软垫家具的难度在于传达与特定舒适度有关的张力。在这个意义上，任何工具都有效。在这张有两个立视图的图纸中，每个部分的张力都是不同的（扶手、椅背和椅垫）。

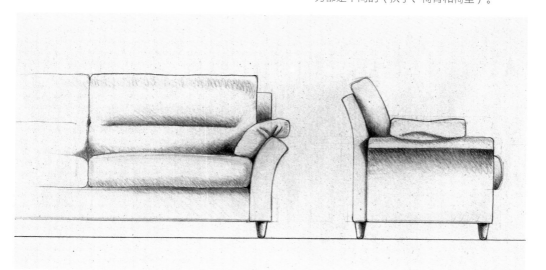

多角度评估比例

　　室内软装师是将设计意图转化为实际家具产品的匠人。对于他们来说，最大的困难是，是否有意愿通过绘制像舒适度这种无形的概念来传达信息。

从外到内

　　这是项目初期的计划。项目将自始至终遵循这种感觉，也就是说，项目的识别特征在一开始就要确定好。

　　从基本立面开始，如同制作一把椅子（侧视图、前视图和平面图）。照这样做，就不会忽略在构造阶段可能发生的问题。

侧视图

　　在侧视图中，需要用虚线表示座椅的轮廓。通常，这一部分的图纸或技术图的呈现比例为1:1，所以用它在项目的开始阶段来开启工作很有帮助。除了塑造这部分的舒适度和深度时需要，在内部结构的定位、体积和泡沫块的放置等构造设计中这个图纸也是必不可少的。

从室外到室内，从草图绘制开始，一些基本的3D绘画。一种用作室内装饰的材料来做沙发，接着，用黑色马克笔简单地铺色，突出沙发。特殊的视角带来了趣味性和紧张感。设计图由安东尼·阿罗拉提供。

作为基本工具的正视图，在无扭曲的情况下可以用于评估家具的体积。随意摆放的靠垫令沙发很有特点。图片由彭西工作室提供。

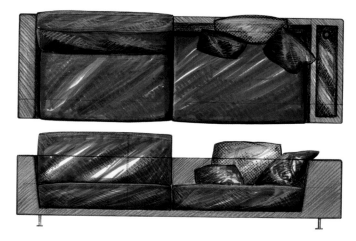

正视图

另一个1:1的图纸能够有效推动产品的发展，它是一个部分正面的图，扶手、椅座和靠背之间的关系一目了然。另一方面，在这个视角中，可以精确处理那些赋予对象特色的元素，如靠背、扶手部分和基座。

考虑元素

借助这两张真实比例的图纸，可以验证出任何软垫家具都需要具备的元素：除了真的舒适，它还需要看起来很舒适。此外，如果把它放置在与地面齐平的墙边，就可以评估环境中其他元素的比例了。

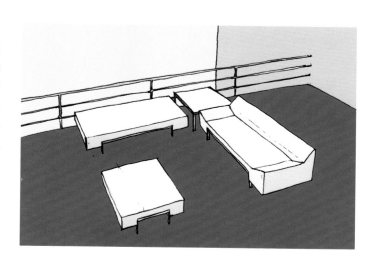

在设计软垫椅的主体时，边缘线条决定了其形体的特点，但同时也应该将织物的拉伸张力考虑进去，暗示出装饰套是紧紧地还是宽松地包裹着填充物。表现出或多或少的紧张感是在确定设计风格时必须决定的基础部分。

系列沙发的特点是扶手和座椅的特殊几何形状和关系，而且，加高的椅腿和软垫体张力传达出这件产品是为开放环境而设计。清晰合理的设定可以突出企业的品格，手绘加电脑涂色，彭西工作室提供照片。

利用图纸控制材料

在软垫家具中很难找到直线。周长始终以大半径来定义，大半径可以通过稍微拉伸尺子或使用大半径曲线尺来实现。

织物的拉伸张力

尽管沙发看起来是平的，但其实具有些微的弧度。这种效果是由于表面织物拼接所传递出的张力而产生的，织物与泡沫间的角力使表面产生变化。每个体块的内部填充也可以产生这种膨胀的效果。

人眼很容易区分直线和曲线。按照比例尺绘图时，很容易画出过多的曲线。那些紧致的弧度大的线条显得更加优雅。沙发，通常由看起来重量感很强的体块组成，线条可以被操纵以给予更多或更少的张力和整体性格。

在这个模块化的设计方案中，可以看出设计图是如何将真实造型的半径和弧形边缘表现出来的。

正视图是任何起始阶段的必备材料。因为复制材质的张力和突出材质的案例。

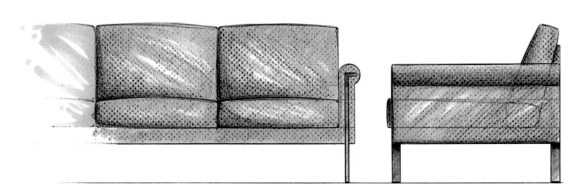

编织纹理细节。这是运用图纸来解释在家具全局视角中会丢失的方面或者表现起来非常费时的部分的例子。

边缘修饰

软垫家具有很多影响或定义边缘的方法。如接缝处使用相同的材质，或者不同材质，也可以通过缝合从根本上来改变外观。每种销售模式都应该了解，以便能够评估通过缝制方法改进设计的不同的可能性。模式和经验，以及与室内装潢师的合作是任何家具成功和优化的基础和决定性因素。

与工匠合作的设计

在绘制立视图时，主视角以1:1呈现，这对于解释这些进一步的调整很有必要。其细节越多越精确，歧义越少。有了这些信息，就能够与室内装潢师实现流畅的沟通，共同研究设计的可行性。从他的经验出发，做出相应的改变和改进。在与车间专业人员磋商过程中，设计师可以学到很多商业机密的知识，除此以外，这是为了尽量减少与原始想法的偏差而进行的。

给出调整建议通常比展示完成品更有趣，因为后者意味着项目的完成。在初始阶段保留变量，确定外观，便于与客户沟通。图片由彭西工作室提供。

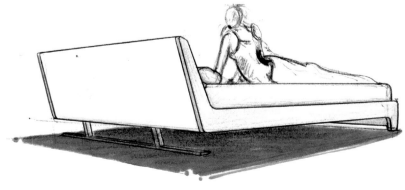

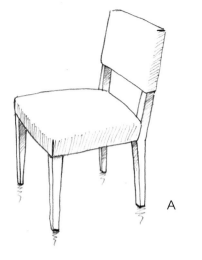

A

B

随着家庭环境、使用和趋势的转变，随着时间的推移，随着家庭舒适度的提升，家具出现了很多有特点的类型。接下来，会介绍最常见的几种类型。

刻画软垫家具

软垫椅子

这是传统椅子的变体，更加舒适。传统的椅子都是由作坊里不同的工人手工制成。在现代椅子制作中，很容易发现相同版本产品的共同之处，有软垫或没有软垫。

扶手椅或座椅

一个单人软垫座椅，通过内部或外部的垫子撑起外观。椅背的高度在一定程度上决定了它适用于家庭还是公共场所，例如，有侧面头部支撑的安乐椅是公认的受欢迎的类型。

多人沙发

通常，这类沙发根据人数和空间的需求有多种尺寸可选。它的构造类似于单人沙发，也是从它衍生而来。其特点在于每个扶手都使用双针缝线，目前可以排列组合以适应不同的需求，比如"L"形。

不同类型的软垫椅：卡尔斯·瑞亚特设计的费尔南多椅子，是对软垫椅的现代的重新诠释（A）；波尔托那·弗劳设计的梳妆椅，一款经典软垫椅（B）；一款当代三座沙发（C）。

C

躺椅

这一古典类型源自罗马的躺椅餐桌，食客躺卧于环绕在共享桌周围的独立的躺椅上。其他类型，如长沙发椅，在相同用途中引入变量，与其他活动关联。

其他类型

某些情况下，床可以理解成软垫家具。土耳其椅是一款软垫沙发椅，当将其靠墙放置与垫子一起使用时，就变成了沙发。还有混合的多用途可变形版本，如沙发床。

说到座椅的类型，值得一提的是双人或访客椅。它们由两座沙发组成，供面对面的两个人使用，然后带脚凳的沙发就变成了临时座椅。还有软垫长椅，常见于卧室和酒店，可用来放置和整理行李箱。在另外一些领域，还有其他专门的部件，如礼堂座椅或候车室的大量座位。

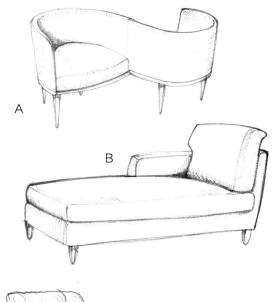

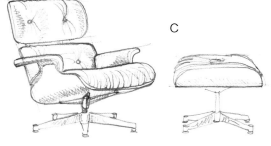

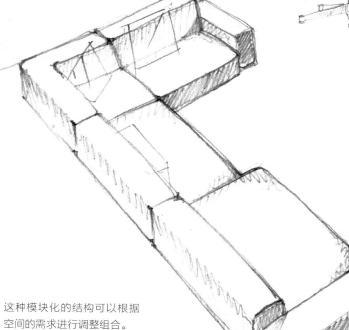

其他软垫座椅类型：双座或称访客椅，对传统类型进行了当代的诠释（A）。家庭躺椅，另一个新颖的家具类型（B）。传统的带脚凳的沙发，查尔斯和雷·伊姆斯设计，这是家具史上的一件参照物，或者说如何将使用过的棒球手套的舒适度转移到座椅上（C）。

这种模块化的结构可以根据空间的需求进行调整组合。

桌子，

利沃尔·瑟尔·莫利纳工作室各种桌子的设计方案，签字笔绘制于薄纸上。

生活的见证

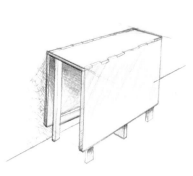

　　我们将桌子理解成人际关系的连接点以及活动的中心。会议桌、餐桌、中心桌、办公桌或边几都可以作为开展特定活动的场所。因此，可以说它们具有多个功能。

　　除了用于工作，桌子还有助于建立人与人之间的联系，定义适当的距离，以便每天活动的开展。

　　吃饭、聊天、做生意、工作……都要围绕桌子来进行。明白家具作为促进关系的设备是值得强调的一个方面。在一定的语境中表现和想象它们，并使用它们，越过其他因素建立起它们与空间的关系。各种已有的桌子类型，根据其使用和位置来解决具体的问题，最重要的将在下面的内容中加以说明。

有支架的桌子可以灵活升降。尽管该类型没什么价值，但也有用到的时候。代表模型是阿希尔·卡斯蒂格利恩设计的莱昂纳多支架，高度可调节。

桌子的起源

在中世纪时期，桌子是必不可少的功能家具，它们含两个支架和支架上的木头桌面，或者一块末端有桌腿的木板，包含可以轻松折叠和运输（竖琴桌）这种基本设计。作为日常生活的一部分，桌子的发展始终与椅子的普遍化相联系。

其他家具被看作是桌子概念的派生，迎合了更多特殊功能。其中一些将会在下文中介绍，重点涉及它们的特点和必要的细节描述。

桌子的类型

条案是一个长桌子，通常靠墙放置在门厅或者较窄的地方，它一般用作装饰，可以包含一些小抽屉，有时候还会配备壁镜。在表现它的时候，应该将其融入身处的环境，同时侧面视角也很有趣，它能够提供一个真实的测量比例，部分地暗示出环境。

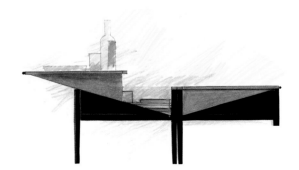

由比森特·马丁内斯设计的中央台。这件桌子的上部可以升降，以满足在沙发上用餐的需求。

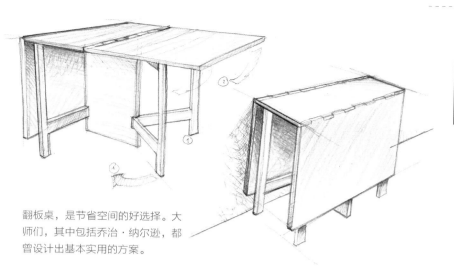

厨房家具整体设计方案中桌子作为工作空间。第二层作为贮藏平台。

翻板桌，是节省空间的好选择。大师们，其中包括乔治·纳尔逊，都曾设计出基本实用的方案。

辅助桌扮演着整理规划起居室的角色。最典型的就是咖啡桌（放置于主沙发前）和角桌（通常挨着沙发摆放在角落）。另一种特别的款式是嵌套桌，顾名思义，一个套在另一个里，在不使用时可以节省空间。

支架，作为桌子的基座或支撑，是目前很少用到的形式，然而有一些部件，是可以像传统桌子一样，体面地应对这种情况的。

在特定用途的桌子中，有必要特别指出两片式折叠桌（附着到墙上成为控制台）。在包含多种可能用途的类型中，非常重要的是，以变形相关的动作，来表示每一种状态。

在某些产品中，桌子变成了一件复杂家具的一部分，而不是单独存在。

工作室桌，是青少年家具中典型的整合案例，其腿部被抽屉取代。在厨房里，桌子就是工作台的自然延伸。在这些情况下，有必要给出确定整合功能的完整设想。

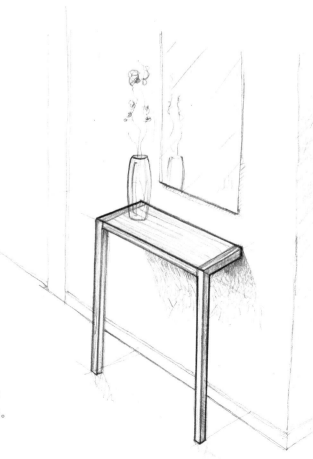

条案是一种典型的桌子衍生类型。由马塞洛·阿莱格里设计的"你好再见"，是这个概念最重要的代表。

观点陈述的标准

　　桌子的表现通常与椅子、扶手椅等其他有效设置情境、突出实际作用的同类家具相关联。桌椅组合通常在销售目录中很受欢迎，毫无疑问它们是使用频率最高的家具之一。

　　准确传达出家具的尺寸比例也是一个关键的目标。除了其他家具，人物也经常用来做参照。这个方面非常重要，尤其是儿童家具。

　　无论如何，这些支持元素都不能喧宾夺主。搞清楚产品的哪些信息必须提供、必须优先考虑至关重要。

费尔南多椅设计图，卡尔斯·瑞亚特设计。这个简单的配件组装桌子，需要通过分解图来解释组装原理。此外，桌脚接合方式的极具特色，必要采用低视角观察以便更好地了解产品。使用石墨铅笔和圆珠笔绘制，彩色铅笔着色。

独脚咖啡桌草图。桌椅组合和其他元素配合，是对对象进行语境化描述的常用方法。用石墨铅笔、马克笔、彩铅绘制。

结构细节，组装系统和机件

桌子有特别的结构。出于对尺寸的考虑，最好是可拆卸的，但具有复杂的铁质配件的可伸缩桌子也很普遍。对这些细节的呈现很重要并且是形成差异化的关键。将其作为项目的基础部分，有助于与负责方案技术开发的人员沟通。这种手工制作的、非标准化的家具常有助于澄清在传统平面难以解释的问题。

精心制作描述性材料对于建立全球通用的产品品类是很重要的，它应该以文本或线性叙事方式呈现。成功完成这一步骤，就可以直观用户操作的真实步骤。

通常需要将结构方案对应客户的行为，因为每个工匠或编辑都有自己理解产品的方式。完全地决定一个方案对于设计师来说很重要，因为这避免了第三方的干扰。

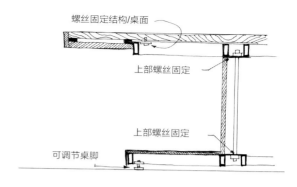

螺丝固定结构/桌面
上部螺丝固定
上部螺丝固定
可调节桌脚

DM 10mm板
3mm层压板
40/50mm 管结构

整体和局部细节图能帮助理解对象，并促进与技术部门、生产车间的沟通。图纸由阿罗拉工作室提供。

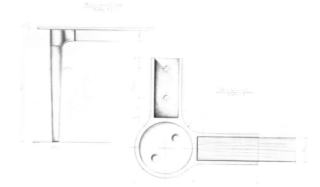

木桌角的结构细节。运用1:1的比例定义不同的厚度，并将各部分间的角力可视化。侧视图使呈现更加完整。用石墨铅笔绘制，彩色铅笔着色。

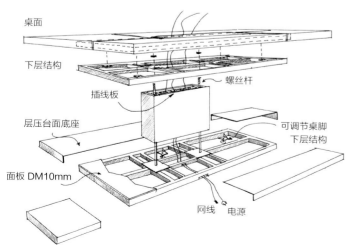

桌面
下层结构
插线板
螺丝杆
层压台面底座
可调节桌脚 下层结构
面板 DM10mm
网线　电源

会议桌组装图，该产品所有组装零部件都清晰可见。图纸由阿罗拉工作室提供。

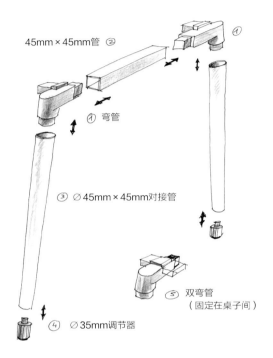

45mm×45mm管 ②

① 弯管

③ Ø45mm×45mm对接管

⑤ 双弯管
（固定在桌子间）

④ Ø35mm调节器

在设计开始阶段，配页中的分解图在技术方面起到关键作用。

从这些图中可以看出，此桌子可以调节，图中包括了不同视角，一些视角让人仿佛站在大体量的家具前，也显得更有雕塑感。

办公家具与配件

在某些领域中，桌子已具备先进的功能和特色。比如办公桌较之其他产品的科技含量就大得多。通过技术和材料的运用，已将电力和接合等关键问题解决，以及保护隐私的部分。另外，如照明一类功能也已被整合进桌体中。

技术图纸，开发的基础

在桌子的设计中，有两点至关重要：第一，符合客户有效利用空间的需求，提供可解决实际需要的结构和可自由活动的部件；第二，技术细节需要保证产品易于安装，以及不同数据和网络服务的可访问性和模块化。

为了详尽地阐释细节，常运用到两种方法，它们继承自设计项目的技术图纸。一种是分解图，它是有序展示所有组件的透视图。这是一种非常有用的衡量设计、安装复杂程度和可行性的工具，甚至可能帮助阐释初期必要的投资和成本。在早期阶段，它有助于预测最终

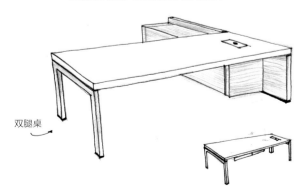

双腿桌

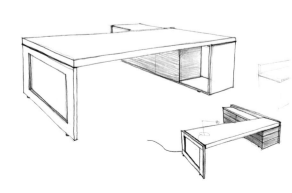

产品的关键技术问题。另一个种是横截面图，在一个剖面里直观地表现所有组件的内部结构和尺寸公差。在手绘图中，色彩的运用有助于区分各部分，便于理解方案。

材料和尺寸是表现代码

　　不考虑表现的结构设计，工作场合的桌子还有与特定展现水平相关的代码，每个领域的开发角色都是最大限度地选择维度和材料的参数条件。相关的例子如图所示的方位桌的设计。这种方案由不同的类型构成，它们通过不同体积比例的排列组合，以更具建筑感的方式塑造会议与工作的环境。

结构细节分解图，桌子的电路解决方案，从桌腿到桌面的电路集成方式。尖头马克笔绘制于植物纸上。

老板桌概念设计方案。图纸选择的视角传递出开阔之感，并给出了尺寸参照。

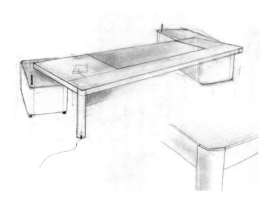

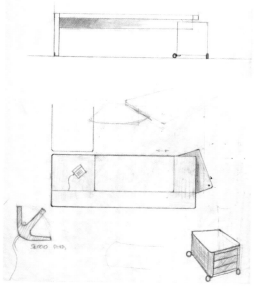

方案的正视图、透视图和细节图。用很少的元素将想法概念化，这里桌脚的设计就是整个方案的亮点。石墨铅笔和彩色铅笔绘制于硫酸纸上。图纸由阿罗拉工作室提供。

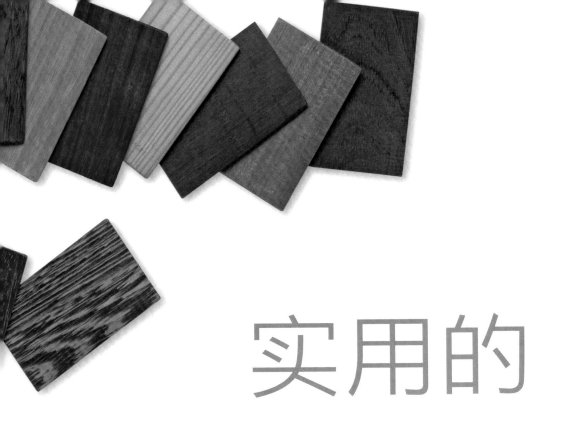

实用的

比森特·马丁内斯
文学作品架排系统设计。

储物家具

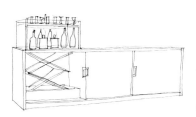

现有的储物家具从盒子或箱子衍生出来，这些家具的基本构造通过多年发展而具有特定的功能。20世纪初，现代主义运动在工业化的前提下限制了经典类型范围的多样性。尽管如此，今天仍有着非常丰富的储物方式。

储物家具跟随历史演进，反映了它们被设计的那一刻的精神，也是社会品位和风尚的镜像，它们还是材料知识和对技术及科学的积累的结果。

慢慢地，这些家具已经解决了越来越多的具体问题。它们适应了所贮存物体的特性，具备了符合家庭空间的尺寸。其中很多已经很成熟，成为家庭的常客。

社会变革已经对我们的生活方式产生了深刻的影响，这些都与新家具的产生相联系，它们主要是已存在的家具的衍生或改造。这些衍生版本继承了前辈的规格和功能，以及一些造型和用途，以便最终能与集体记忆相连接，它们是构建住宅空间文化的形式和方式。

储物家具，物品整理

储物家具的传统和使用

如今的储物家具有非常细致的分类，解决了非常具体的存储问题。比如条案、食橱、衣橱、边几、碗柜、餐边柜、五斗柜、书柜、玻璃陈设柜，等等，都是我们熟知的专门家具。其中很多已经失去了商业价值，而被现代的模块化设计所取代，它们是将空间内的优化组合和集成置于孤立的单个产品之上。

项目的发展，材料准备

关于储物家具的表现，值得一提的是其特征很大程度上取决于正视图，因为它表现了整体的基础信息，门和抽屉的分布或分解视图。腿、手柄和基底也会明确标出。

描绘不同传统储物家具类型的草图，根据其比例选择一种视角。如果在一开始安装好，更容易界定整个家具比例的 基本线条。

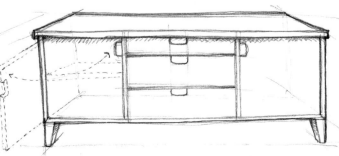

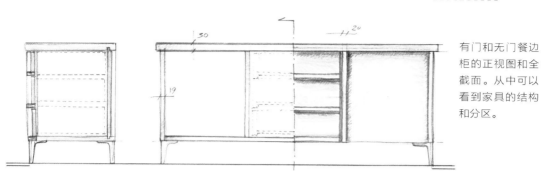

有门和无门餐边柜的正视图和全截面。从中可以看到家具的结构和分区。

　　一旦确定了整套家具的主要视点，就要绘制第二个正视图，不包括抽屉的面板，于是家具的容量就展现出来，尺寸和结构亦被确定，并且针对预期用途的内部分布也进行了优化。

　　另一个公认的基本原则是家具的横截面图，除了深度以外，还能够评估背面的结构标准，这是确保结构稳定的关键因素。在横截面，有可能会看到采用的解决方案或铁质安装件，这些部件是为了保证消除装配阶段可能产生的各种变数。

研究由门、玻璃柜和书架组成的开放空间的模块化。从这些立视图中可以观察到家具的组合。图片由安东尼·阿罗拉提供。

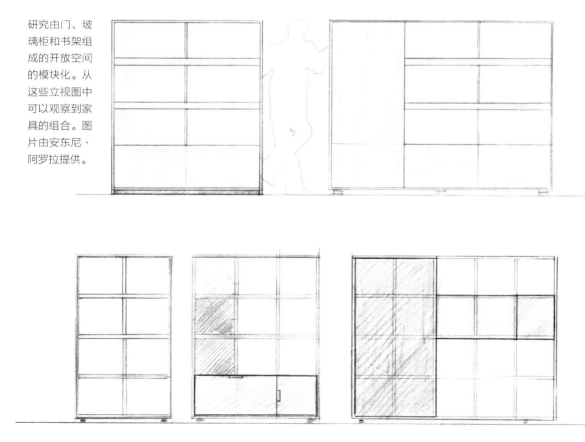

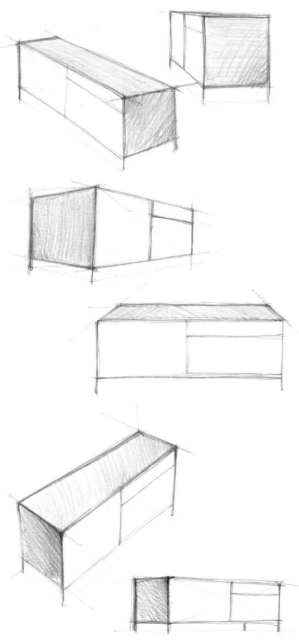

基本表现准则

除了正交视图和透视图以外，还有必要考虑一系列的准则，下文中将会说明。

关于对象体积和规模的观点

对象的体积决定视角。在前文中，视角在许多情况下被当成指示某个比例的工具。所以，用强制的圆锥透视视角，虽然现实感不强，却能给人以宽阔的感受。

如何处理物品及其相对于观者的位置非常有趣，它将由家具的尺寸和类型决定。所以绘制衣橱与绘制碗橱或床头柜是不同的。

在这种情况下，尺寸规格以及家具的高度，都会影响图纸。通常低视角效果较好。然后试问占主导地位的体积是哪部分，例如表现餐边柜常用水平视角。

单件家具和整体家具的表现方法也不相同。绘制单件家具可以使用侧面视角，集中突出它的特点。而整体家具一般体积很大，突出其组成和分布的前视角可能更适合。

无论如何，应用的基本准则都应该是传达出设计的特点，并选择那些可以增强美感和差异的视角。

餐边柜视角对比草图。应该选择与所表示对象的体积更一致的视角。在这个例子中，尺寸大一些的图纸能够看到餐边柜的顶部和侧面的连续关系，能够提供更多的产品信息。

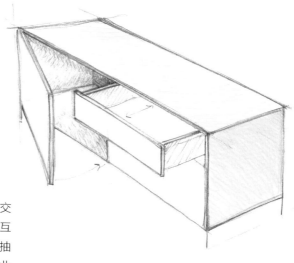

有了这张家具内部示意图，便有足够的信息讨论铁类配件相关事宜并提出解决方案。

动态与细节

每件储物家具都会以不同的方式与用户交互，因此需要在图纸中反映出不同空间的交互方式。通常，市场在售的铁质配件、门框的抽屉导轨或滑动导轨能够满足一般需要。有专业生产标准化组件的产业，而只有在特别版或不在乎成本的情况下才会单独为一款家具特制零部件。通常铁质零部件在家具外部是看不出来的，最多在图纸中标出其位置，留出安装它们的空间即可。一般会手动标示出铁质零部件的参考位置。

家具的特点是由一些元素决定的，如手柄或足部。它们可以在市场上购买到或者特别定制，无论何时，其位置以及与其他部分的关系需要体现出来。

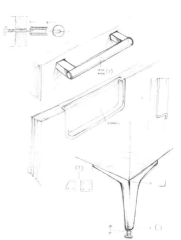

手柄和足部是展现一个产品个性化的元素。市场上有很多标准化部件。建议依据信息来决定是否需要开发新的配件，还是有现成的可以使用。

模块化产品，依靠前视图开发新方案。图片由维森特·马丁内斯提供。

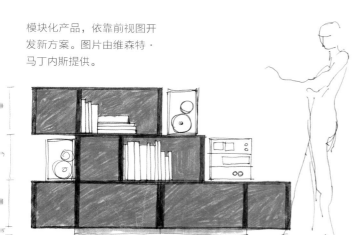

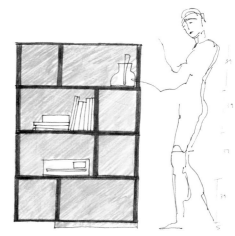

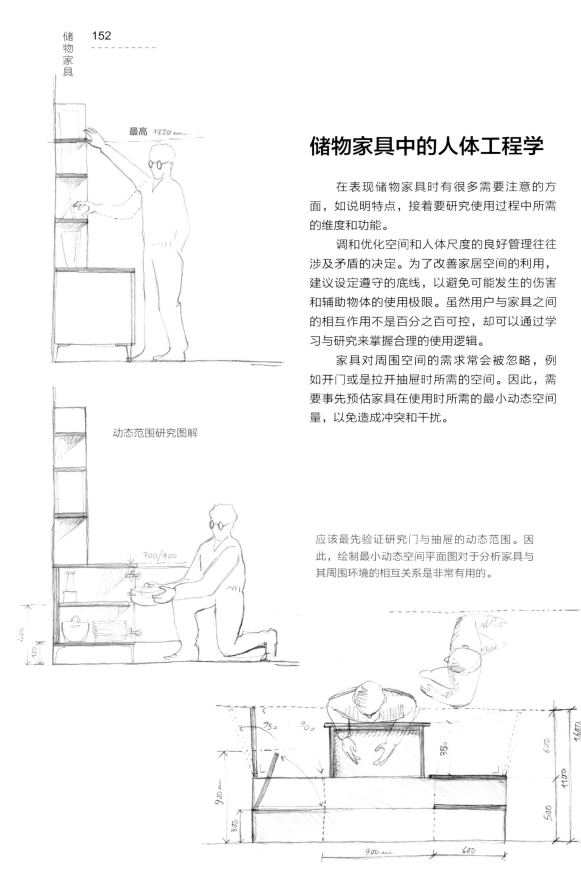

储
物
家
具

最高 1820 mm

动态范围研究图解

700/900

储物家具中的人体工程学

在表现储物家具时有很多需要注意的方面，如说明特点，接着要研究使用过程中所需的维度和功能。

调和优化空间和人体尺度的良好管理往往涉及矛盾的决定。为了改善家居空间的利用，建议设定遵守的底线，以避免可能发生的伤害和辅助物体的使用极限。虽然用户与家具之间的相互作用不是百分之百可控，却可以通过学习与研究来掌握合理的使用逻辑。

家具对周围空间的需求常会被忽略，例如开门或是拉开抽屉时所需的空间。因此，需要事先预估家具在使用时所需的最小动态空间量，以免造成冲突和干扰。

应该最先验证研究门与抽屉的动态范围。因此，绘制最小动态空间平面图对于分析家具与其周围环境的相互关系是非常有用的。

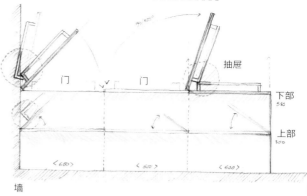

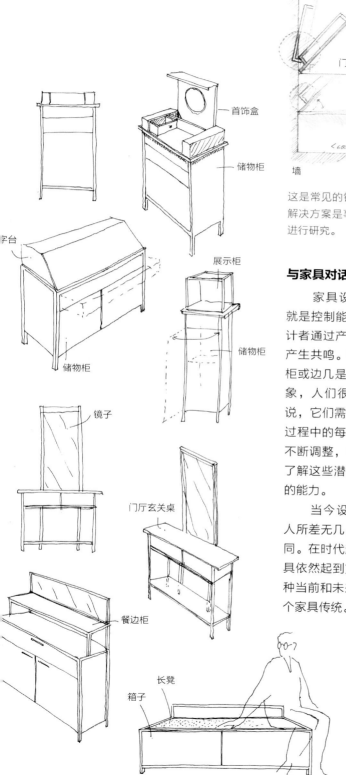

这是常见的错误的安装方式，产生干扰。
解决方案是事先在平面设计图上对各元素
进行研究。

与家具对话

　　家具设计大师们有一个共同的特点，那就是控制能力强。就像画家的调色板，家具设计者通过产品的形式向用户传达功能，并使之产生共鸣。餐边柜、抽屉、衣柜、玻璃柜、书柜或边几是日常用具，也是概念整合的整体想象，人们很容易辨别它们。而对于设计师来说，它们需要探索和重新定义用途。项目进行过程中的每个决定及其执行，都是基于尺寸的不断调整，将比例和方案遵照惯例加以整合。了解这些潜规则，就如同掌握了自由突破它们的能力。

　　当今设计师对待时间和诀窍的态度与前人所差无几，只是一些材料、环境或技术有不同。在时代趋势已经形式化的情况下，储物家具依然起到支柱作用，这种风格体现，以及这种当前和未来近期的生活方式，还要归功于整个家具传统。

事实上，传统的储物家具可以有无限的变化，甚至可以同时集成多种功用。仔细观察和学习是这一领域创新的关键。

其他家具：

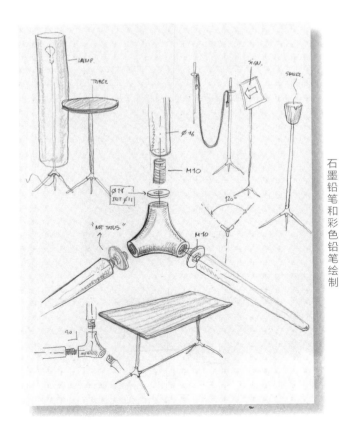

里卡德·费雷尔

ALMERICH 公司 GELIDA 项目的设计图纸，石墨铅笔和彩色铅笔绘制

多种可能性

家具行业为设计者和制造商提供了无限的可能性。除了传统类型，行业环境为研发新产品和创造新机会提供了沃土。有些产品增加了深度，有些可以互补，另一些则具有特殊功能。

但这个行业几乎没有什么限制。"什么是家具，什么不是？"这个问题给我们带来了一定的困惑和不同的解释，这不是个棘手的问题，而恰恰是一个有超凡可能性的机会。在家具与产品这两个界限不明的概念之间游移是有益的，还能够对外观有所补益。

在本节中，将对辅助家具、城市家具、组装家具以及定制家具作进一步阐述。

辅助家具，支撑部件

辅助家具是指能够辅助主体家具发挥功能的一类特殊产品。这类家具的种类非常丰富，包括传统的挂钩、伞架、镜子等，以及桌子和辅助储物件。而且，由于使用的科技和材料，其他一些要素也被归入家具类别，这些要素也是共存的。

在家具和产品的界限上保持模棱两可的态度是可取的，这样可以自由地实现双向的产品创新。

辅助家具的另一个常见的特点是百搭，在有需要时，可以通过特殊的方式内藏于主体家具之中。这样，就能够解决许多特殊的难题。

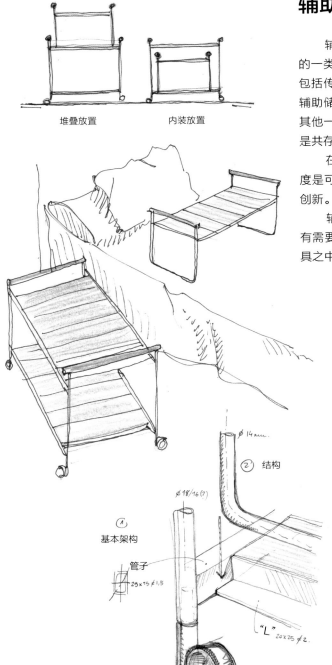

堆叠放置　　　　内装放置

推车的设计方案，分两层，木板拼接而成。这是经研究探索后开发出的新类型。

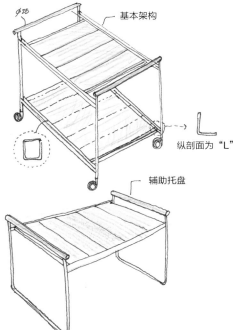

φ25

基本架构

纵剖面为"L"

辅助托盘

φ 14 mm.

② 结构

φ 18/16 (?)

Ⓐ
基本架构

管子

25×75 ≠ 1,5

"L" 20×25 ≠ 2.

轮子 / OGTM
或类似轧辊模型

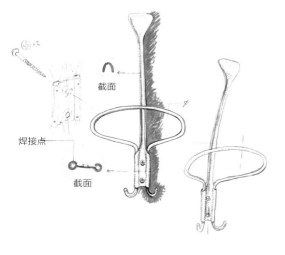

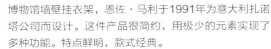

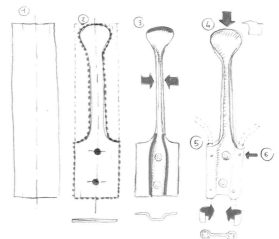

博物馆墙壁挂衣架，恩佐·马利于1991年为意大利扎诺塔公司而设计。这件产品很简约，用极少的元素实现了多种功能。特点鲜明，款式经典。

完美呈现：图纸的作用

　　辅助家具的形制和材质很多样，这也是为什么指导原则受制于表现手法的原因，首先就是图纸的功能。

　　值得花一些时间来计划产品的展示，并从所有角度评估什么材料最适合。每一类图纸都有特定的功能和作用，并且一定会有整体的正视图，包括基本的尺寸参数和关于预期的材质和饰面的说明。这样一来，很快得到总设计图，其中包括基本的尺寸标注、使用材料的注释以及成品的外观。1:1的细节和部分剖视图有助于看清楚每个部件和设计方案。最后，透视图可以提供一种感知真实对象的方式，并且能够暗示出辅助元素的比例或位置，它们也是描述装配方式和爆炸视图的工具。

　　产品的材料应尽可能地细致和完整。以下几个问题对此会有帮助：根据已知信息能否制成家具？定义完整吗？在哪些方面还存在问题，是否需要考证一下？

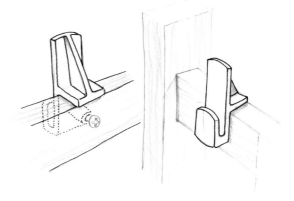

从整体到细节的材质设计图。意大利制造商福帕倍德瑞蒂生产的衣架，包含于立面图和透视图中的塑料元素与木质部件的结合方式。

从类型来看，辅助家具接近工业产品的发展，而有时甚至远不如传统家具行业。这主要是由于辅助家具需要繁复的工序和众多的材质，需要在细节和结构上花费更大的精力。在设计开发图纸中，常使用能够清晰展现组件的相互关系和组装方式的视角。其中，结构是具体的，所以在设计上也要求有很多相关性，所以是产品概念的基本组成部分。

辅助家具的开发

绘图初期——脑内构建过程

材质图纸开发的另一个根本方面是其结构特点。对于大部分专业人士来说，图纸是将脑中概念具象化的最直接的方法。因此，它是设计师自我解释产品的一种工具，直到达成理想的解决方案和包含完整的产品理念以及均衡的材质和流程。图纸为评估和改进设计理念提供了对话的空间，能够精确地了解最终产品将会是什么样子。

墙面挂钩的爆炸视图或称如何用图纸解释设计。

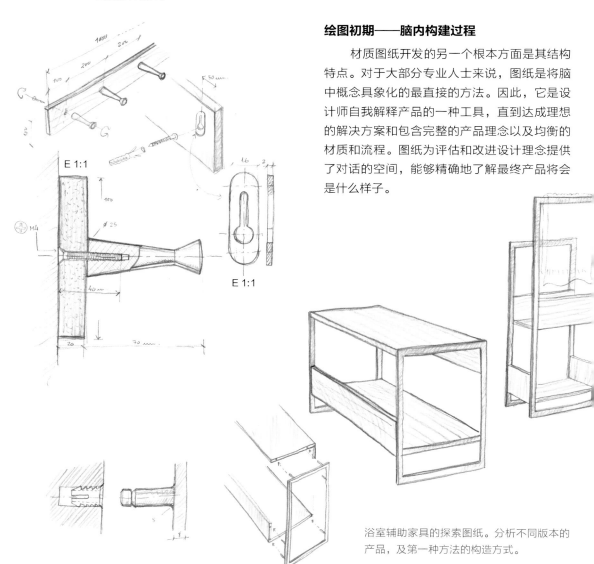

浴室辅助家具的探索图纸。分析不同版本的产品，及第一种方法的构造方式。

图纸本身并不是目的，所以不必在意它在技术上是否完美，否则很可能顾此失彼。很多设计师不去过多关注这种探索工作，或者甚至不去想绘图工具或为必要的工作提供支持，这是因为结果和产品是重要的，绘图不过是另一种媒介，技术计划或者模型也是如此，而关键的是能够准确地沟通你想要的东西。

图纸是控制产品的工具

图纸的另一个优点是能够完全定义产品的特征。在一个项目中，最好不要留下悬而未决的问题，因为多数时候，提出的方案与产品的整体概念很难一致。提出完备的解决方案是专业设计师的职责，要避免被善变的顾客和物资供应商牵着鼻子走。

折叠屏风是一种传统的辅助家具，它能够灵活地划分空间。卡尔斯·瑞亚特设计的软体，贝尔杜兹收藏的一部分。

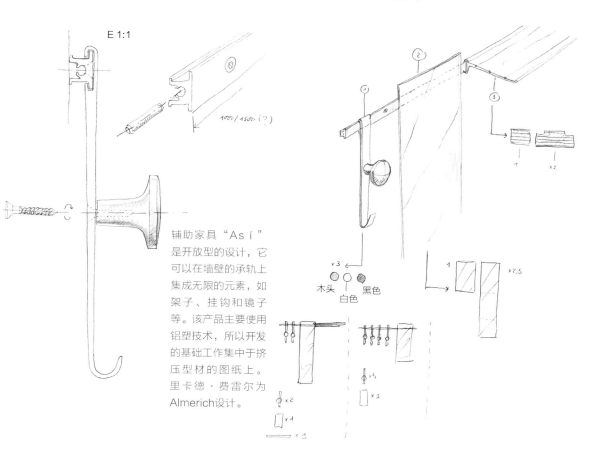

E 1:1

辅助家具"Así"是开放型的设计，它可以在墙壁的承轨上集成无限的元素，如架子、挂钩和镜子等。该产品主要使用铝塑技术，所以开发的基础工作集中于挤压型材的图纸上。里卡德·费雷尔为Almerich设计。

木头
白色
黑色

公共设施

城市家具是指公共环境中的有特定功能的设施物品。传统长凳、垃圾桶、路灯、喷泉、指示标志、雨棚、洗手池、花坛等都是为方便城市居民的生活而存在的，再比如儿童游乐场、海滩设施、交通信号灯、自行车车位等。

此类设施繁多，且一直在不断发展，部分原因在于为特定环境而设计的新产品层出不穷。建筑师和城市设计师经常突发奇想来解决在项目中遇到的问题，因为这些问题不常见或者他们想要与众不同。

这种做法引起了产品形式和类别的多样化，它们已逐步在商业产品手册中崭露头角。

公共长椅是典型的城市家具，其名称就是功能的直接体现。浪漫经典的铁质基座和木条构成的长椅已逐步被更舒适、更便利和易于维护的新设计所取代，尽管使用的材料还是大同小异。

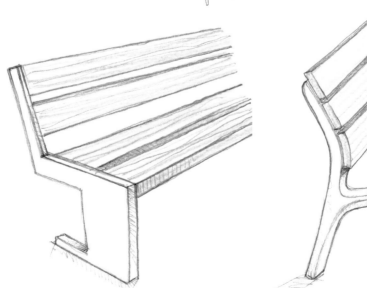

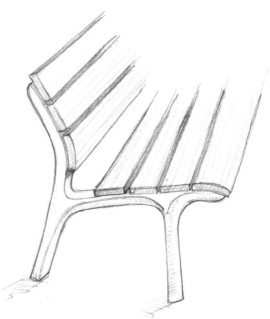

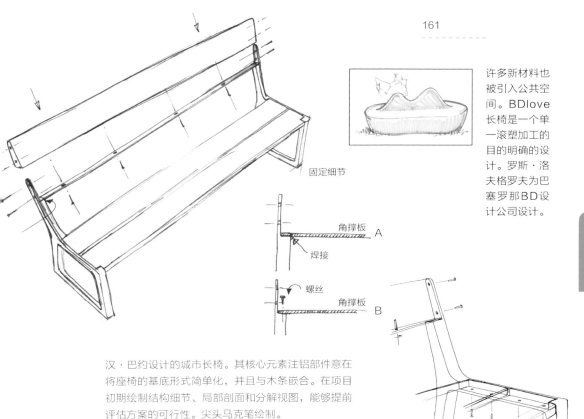

固定细节

角撑板 A

焊接

螺丝
角撑板 B

许多新材料也被引入公共空间。BDlove长椅是一个单一滚塑加工的目的明确的设计。罗斯·洛夫格罗夫为巴塞罗那BD设计公司设计。

汉·巴约设计的城市长椅。其核心元素注铝部件意在将座椅的基底形式简单化，并且与木条嵌合。在项目初期绘制结构细节、局部剖面和分解视图，能够提前评估方案的可行性。尖头马克笔绘制。

材料和工艺在项目中的最大优势

　　必须牢记在心的是，城市家具的使用环境是露天的、公开的。这意味着不仅应该考虑环境的需要，而且应该保证，对于经常用法不正确的功能，应保证其合理产生作用。但有些办法可以最大限度地减少这些行为的影响，其中之一就是定期维护和更换零件。事实上，定期维护可能是打击破坏行为最好的策略。已经得到证实的是，较之良好维护的环境，在粗鄙的公共环境中设施会面临更多受侵害的危险。总有一些专业设计师思考的标准，那就是城市环境中的任何一个物品都会面临破坏行为，当它对周围环境没有意义或者不具有吸引力的时候，它就成为了视觉污染。

　　太多杂乱无章的元素构成的饱和公共空间也会产生冲突。

不同的用于
规划公共空
间的材料：
用作路障的
石墩和栅栏
的样品。

① ② ③ ④ ⑤

城市家具——身份的象征

在城市家具行业中，值得专注于满足公共
环境中特定需求的其他产品。除城市长椅外，
还有垃圾桶、路灯、防护栏、喷泉等经典类
型。除了在视觉上改善公共服务、成为城市的
亮点，还可以成为某个地方具有象征性的文化
标识的一部分，比如伦敦标志性的电话亭。

这就如同在住宅内一样，城市家具的变化
与公共空间的使用关系密切。这场革命已经将
新的需求转化为新的产品类型，它涵盖了新形
式的流动性、通信和信号支持、休闲区、公园
和游乐场等不同的方面。

顶部

特兰卡迪斯风格
（Trencadís）

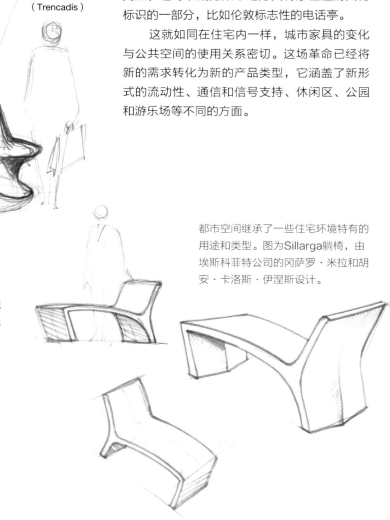

都市空间继承了一些住宅环境特有的
用途和类型。图为Sillarga躺椅，由
埃斯科菲特公司的冈萨罗·米拉和胡
安·卡洛斯·伊涅斯设计。

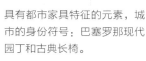

具有都市家具特征的元素，城
市的身份符号：巴塞罗那现代
园丁和古典长椅。

概念和发展

之前提到这些产品在特定条件下发展的关键因素，以及作为关键元素的维护和报废。这些条件在很大程度上限制了材料和技术的丰富。这些材料应该经久耐用，且维护成本低廉。时间因素和产品老化常被忽视，人们总是误以为它们能够保持刚安装时的崭新状态。此外，组合与安装系统也很关键，这直接关系到维修和保养的便利。但是这对不具专业知识的普通使用者有一定难度。

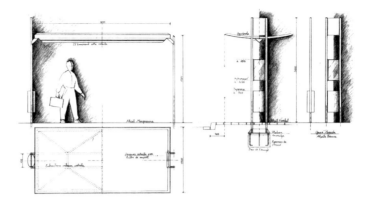

公交车站牌是一个多功能的复杂设备。除了传达信息外，它还为候车的乘客起到照明、广告牌和长椅的作用。圆珠笔绘制。

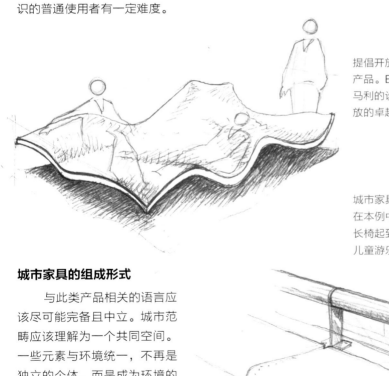

提倡开放性用途的元素有助于催生新产品。EMBT建筑师工作室的隆戈·马利的设计是受大自然启发的用途开放的卓越范例。

城市家具可以跟建筑物融合。在本例中，放置在花园边沿的长椅起到了分隔车辆行使区和儿童游乐园的作用。

城市家具的组成形式

与此类产品相关的语言应该尽可能完备且中立。城市范畴应该理解为一个共同空间。一些元素与环境统一，不再是独立的个体，而是成为环境的一部分，起到整合和界定空间的作用。在这一点上，一致规律的形式语言和元素将有助于对空间的解读，也会把都市空间调节到合适的尺度。

订做家具

　　鉴于家具行业在过去几十年越来越专业化，界定订做的概念就显得十分重要。订做家具涉及专门的家具元素，它们可以为专业环境或公众参与的场所开展具体的活动提供必要的条件。这些空间包括办公室、教室、候车室、商业区、酒店、餐馆、医院、会议室、礼堂、机场、展览会、电影院、剧院等。

　　在设计这些领域的产品时，常常需要面对构造方面的指数式飞跃。产品要面临高强度和高频率的使用状态，这就要求可以保证其最大耐用性和最小维护量的解决方案。

　　与住宅家具的另一个区别是分销渠道。订做通常牵涉到一位建筑师或室内设计师需要根据一系列产品必须符合的条件和要求，过滤选择，而通常情况下建筑师或室内设计师本身并不是具体的需求之一，他/她只是一个全球性项目的一份子。这些要求包括功能和技术方面，也包括经济和服务性，所以在各方面的开发上，都需要付出更多的努力。

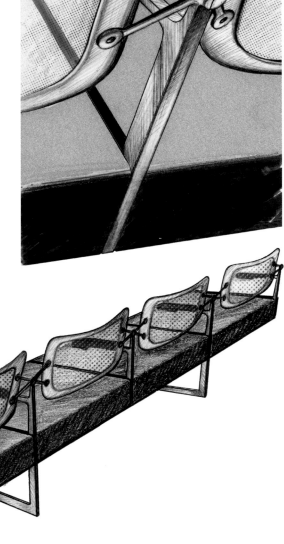

标准化长椅细节图。结构方案的设计将影响最终产品的施工和维护。图纸由彭西工作室提供。

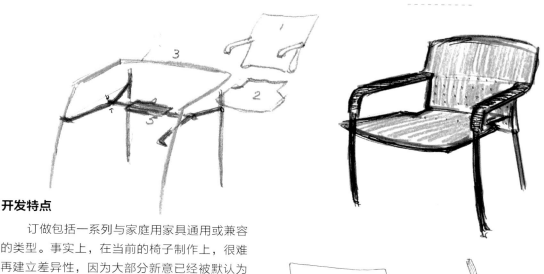

开发特点

订做包括一系列与家庭用家具通用或兼容的类型。事实上，在当前的椅子制作上，很难再建立差异性，因为大部分新意已经被默认为订做的一部分了；然而，还有其他专门用于公共设施类的产品，例如候车室长椅或技术室家具。在这些情况下，也要考虑与传统家具继承语言的相关性，因为传统家具语言有助于与开发的技术部分（更典型的如工业产品）进行用途交流，而工业产品通常涉及与已用技术相关的新语言、新抛光表面及材料。

必须使用的绘图方法，除介绍和记录那些关注结构或功能性解决方案的技术方面，与在家庭环境中展现的绘图方法没有太大区别，如研究椅子的最大堆叠性，或与物品维护相关的方面，像轻松替换产品组件的具体解决方案。

由菲格拉斯设计中心制作的郁金香椅的开发过程，从产品的第一幅素描稿到逼真的3D渲染图。优先考虑这类产品的结构和技术。图纸由菲格拉斯设计中心提供。

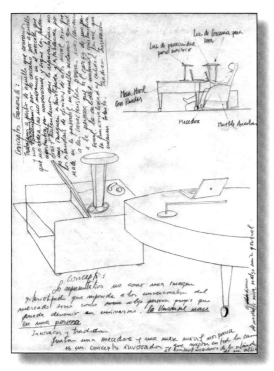

定制家具

在过去，一部分传统家具是为了完成订单。家具生产商负责各个专业生产车间的组织和协调，以实现生产。就像定制西装，根据客户的需要和每个时期和地域的风格进行调整。这一独特的个性化产品至今仍存在，它需要创建完全符合构想或特定需求的新奇元素。很多时候，这种需求来自于工业生产带来的一致性和局限性。如果总体需求计划已经解决，通常不需要再去市场上寻找符合项目要求的特定元素。

开发定制家具的另一个原因是对个性化空间的需求。创建一个空间内的整体设施，让设计师能够自由地提出符合单一用户特定需求的方案，而标准化的产品无法满足特定的偏好。

该方案的目的是为了创建一个环境，在不同的元素之间建立单一的关系。工作台设计成可以根据需要拉近或推远的可移动产品。其形制也便于召开多人会议。

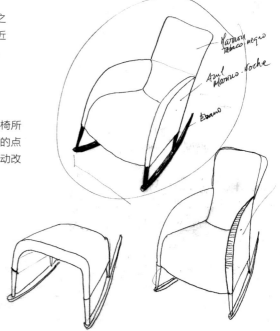

侧重技术性的座椅已经被摇椅所取代。摇椅不仅是家庭生活的点睛之笔，还能通过轨道的移动改变椅子与桌子的交互关系。

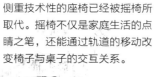

家具图：
详细信息、特殊功能和独家客户

　　在开发特殊家具的过程中，可以花一些时间去了解客户。在开发工业产品时很难有机会跟客户端的用户直接交流。在这种交流中，我们会发现开发的目标和属性的详细关系，所以在绘图之前，有必要了解使用情况并注意特殊偏好。

　　由于必须要解决这些具体问题，我们可以设想一种风格，而利用这种风格的方式则决定了正式的基调或整体方案。一旦统一了这些信息，就有可能确定完成委托需要哪些家具了。

　　下图的两页图纸是卡尔斯·瑞亚特设计的一个特殊项目。这是一个经理办公室的方案。根据相互之间的关系，将其理念定义为团结和概念化。办公桌、摇椅、柜子和灯具营造了统一舒适的工作环境。

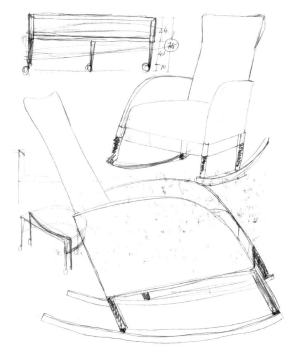

对摇椅和脚凳的研究，石墨铅笔绘制。

为客户展示的材料。从中可以看出该方案是一份总结和介绍，直接来自于上一页的设计方案。铅笔绘制，卡尔斯·瑞亚特。

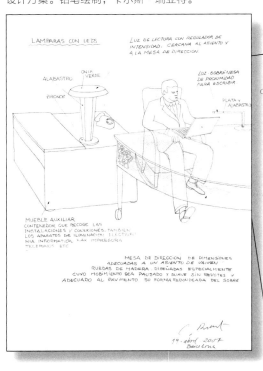

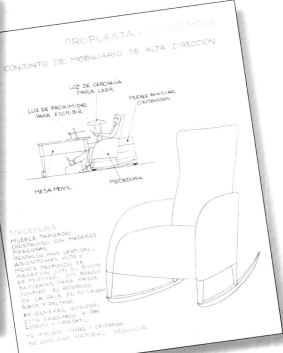

家具编辑介于工业生产与定制家具之间。这种实现家庭空间陈设解决方案的方式渗透在行业的各个不同方面，其所呈现的特性有别于解读该行业的其他方式。

限量版，签名家具

高品质与专属性

生产这种类型的家具是高度关注个性化的体现。在独特的环境中，用户与家具产生情感连接，家具就会具备超越满足需求的新维度。

在某种程度上，这类家具的外观由木工作坊的家具传统所决定，作坊生产的高品质的独家产品均为委托制造。目前，开展此类活动的专业人士所提供的特殊产品与体现设计师特色的产品目录相一致。

卡萨布兰卡座椅的开发草图，Tresserra系列的代表性作品。其特点是包括座椅和靠背在内的外部胶合板构造的混合结构。从图纸中可以看出组件之间的连接方案和构思清晰的体现舒适感的线条。

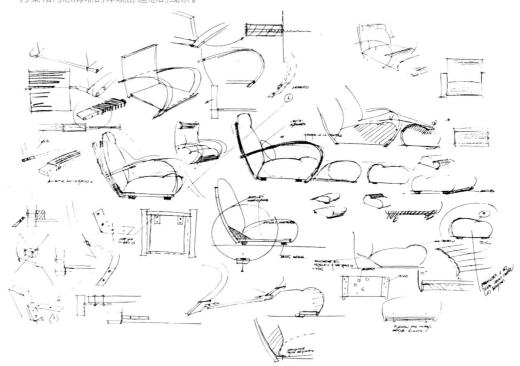

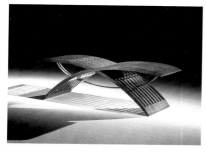

独立作品的标志性组成部分反应在银鸥椅（Gavina）上，与一种特色的观点有关，结构的重复会产生特殊的纹理。圆珠笔是特雷塞拉的主要工具。

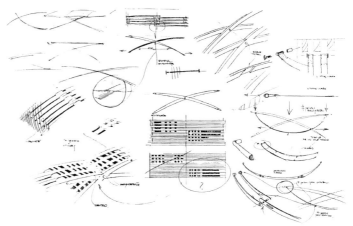

参考实例：Tresserra系列

　　此跨页中展示了如豪梅·特雷塞拉工作室的几件作品。这一家具系列体现了纯手工制作忠于品质以及珍贵材料缔造精品的家具生产理念。此外，它还体现出典型的以当代设计诠释传统类型的价值。

　　使论述与格调家具的用途以及通过实线和概念诠释结构的方法（一种将物体作为持续存在的符号来理解的方法）相关联。

委托家具实例，接待台创造了一个独立空间。平面图直观地展现了这个项目，并提供了相关的尽可能丰富的信息。

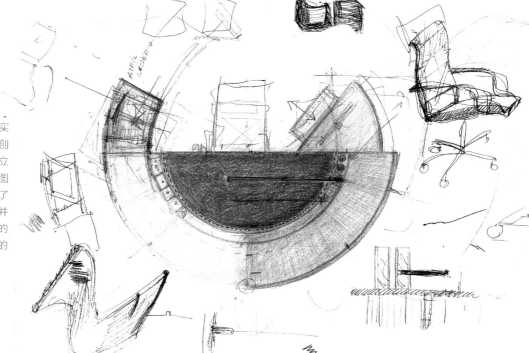

绘制环境
中的家具

事实上，我们将房子交给了一个欠考虑的奇思妙想，这令我们不得不接受最新的流行款式。

——查理·伊梅斯

环境

利沃尔·瑟尔·莫利纳工作室

微笑椅立面图加照片背景

中的家具

　　每一件家具在特定的环境中都是有意义的，在之前的章节中，我们已经叙述了使用图纸作为开发工具的不同方式，把这些理解为孤立的产品。然而，这一情况并不符合现实。因为最终家具是要在其他物体的背景下存在，形成一个空间，与其他家具和设施共同创建一个生态系统。为一件家具添加特定的环境，有助于更直观的了解它，并且将其与特定的想法和风格联系起来，以求捕捉最令人满意的特性。

　　将家具与特定的环境联系起来，是了解其可能性和局限性的必要步骤。如此也可以与周围环境建立和谐的关系，从而获得与其技术开发互补的有价值的信息。

整体住宅环境

　　构成住宅家具和设施的物品在一系列不同的空间中组织起来，这些空间成立的前提是承载每天的活动。餐饮，聚集在一个生活的空间。休息或睡觉是整体想象的行为与一组特定的家具有关。这些家具提供了必要的舒适的条件来实现这些功能。

　　家具设计师在规划物体时会将其与更复杂的系统联系在一起。长久以来，此系统所形成的关系已经在不断演变的形式规范和文化用途的基础上发生了变化。打个比方，一般来说，请来访的客人上床休息是很普遍的做法，但如果变为正式的会面地点，在寄宿处或旅馆，一般就没有必要与陌生人共享一个卧榻了。我们现在所理解的"隐私"是经过数个世纪才建立起来的。

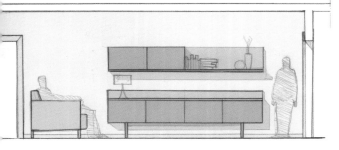

展现家具布置的平面图

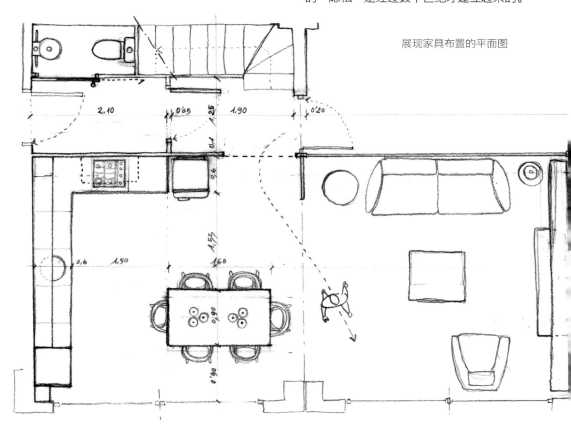

室内设计师，
思考不同的尺度

　　对于生活空间的整体想象是室内设计师必须解决的另一个问题。室内设计师是为特定需求提供解决方案的专家，为每种情况规定最适合市场的家具元素，如果不存在这样的元素，则为具体需求作出规划。室内设计师的工作方式与产品设计师截然不同，且涉及到空间的组织和移动性、环境条件、设备、材料和施工质量以及、最后，还有家具的选择。

　　实际上，一个室内设计项目是从解决空间平面图入手的，平面图的比例通常是1:20或1:10，可以用更大比例的图纸补充细节构造，如1:5甚至1:1来保证细节毫无遗漏。这些总体平面图中通常包括家具的分布，这样有助于预先处理

家具与空间的分配。关键点的部分决定着不同空间的高度，从而带来可测量和验证的补充信息。最后，整体视角是用来显示一个区域，并展示所选择的形制和材质。

透视图是一种辅助资料，有助于定义材质和成品效果，它们能为客户提供更加真实可靠的视觉效果，专业人士也可以利用它们更好地解释平面图和立面图的空间尺度。

住宅内的家具与配件

每一件家具所特有的色调和气味，都能与特定的环境、形式、尺寸和材料相关联，然后综合成一种语言，因此可以与更广泛的环境产生关联，在相互关系中融入新的色彩，在具有多样性的元素之间发现趣味性。

在一个未经专业规划的室内环境中，关联是最终用户个人品位的体现，且会产生需求。将室内环境视为不断演变的空间则是对其不断变化的性质的自然假设。

层叠的住宅

住宅的设计永远不会停止，是不同层次叠加的结果。所以，可能在第一层观察其架构、方向、比例和空间组织。然后添加设施、系统和服务，最后是家具和配件。每一层都是多次平衡的结果。未经设计的环境通常比整体综合项目在色彩上更有价值，也更舒适。

设计物体之前需要通过捕捉椅子制作新计划特点和特性的图像来设定基调。作为对客户委托简报的补充工具，基调能够使产品"氛围"形象化和情境化。图片由利沃尔·瑟尔·莫利纳工作室提供。

自然对象，图中的树枝可以作为设计的灵感。照片由琼·卡尔斯·彭萨拍摄，利沃尔·瑟尔·莫利纳工作室提供。

这些室内环境的折衷特点是随着时间的流逝而沉淀下来的概念与用途相结合的结果，正在不断产生和扩大用于建立特定关系的分区：阅读角、专门的工作空间、谈话的地方……关于空间及其家具和配件的先进知识使这些关系变得人性化。

前述关于设计特殊家具时建议而不强加的理念在整体方案中具有特殊的现实意义，因为让用户参与可变部分的设计是对家庭生活最贴近、最本质的诠释。

物体的基调

在定义一个项目时，我们通常会寻找一些参考资料来帮助我们设想物体的基调。这并不是指简单地将物体置于特定环境中对其进行情境化处理，而是在单一文件中以平面拼贴图像的形式进行捕捉。这些图像能够将参考资料中包含的价值与能够帮助我们作出正确决策的相关内容联系在一起。

前期研究工作中关于计划开发的若干草图。其中，有一项调查总结了一款具有显著技术特征的产品所体现的典型手工艺价值和地中海风格。

厨卫等特殊环境

在住宅环境中，有两个空间值得引起特别注意，它们结构复杂且特殊，即厨房和浴室。在这两种环境中，功能是首要考虑的问题，并将其集成在一起，家具设计必须适应具体情况。

厨房家具，工作与休闲空间

这里要运用模块化的方案，利用特定的空间将配件整合进家具，并试图在有限空间内实现储藏能力的最大化。通常，厨房是以一个高约90厘米的操作台为中心进行组织的，按功能划分为三个层次，上下两部分用于储存，中心为操作区。

当今的家具设计因调制能力、饰面的多样性和具体细节而有所不同，比如腿和把手。但也包括新概念的结合，比如中央操作台的整合、餐桌或吧台。其目的是将众多功能整合在一起，并保持饰面和材料的连续性和一致性。

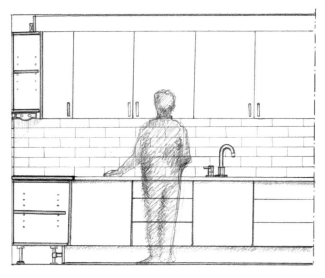

这幅图展示了集合不同设备的预留区域。

整体厨房支持分区使用，并拥有整体化的空间。

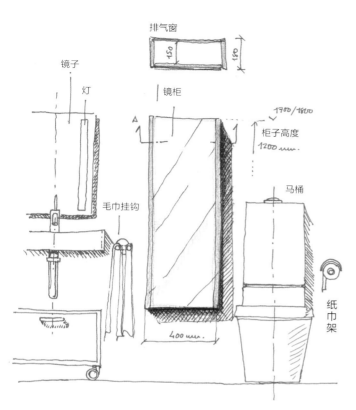

排气窗

镜子

灯

镜柜

柜子高度
1200 mm.

1700/1800

毛巾挂钩

马桶

纸巾架

400 mm.

储物栏是一种浴室辅助用具，拥有多种尺寸，可以根据空间条件选择不同的大小。

浴室，小空间的组织

浴室的情况略显复杂，尽管空间狭小，却往往是家中堆放物品最多、最杂的场所。浴室家具专业制造商的目录中所展示的空间往往大得不可思议，而对于现实中的浴室，恰当地组织基础卫生设施之间的家具元素十分有必要。盥洗盆通常放置在中央储物柜的上面，正对面是镜柜，可以用来整理小物件。如果空间允许，还可以添加一些储物架。

与厨房家具设计有关的材料和解决方案涉及到两个方面。首先，如果有意模仿专业的感觉，可以使用通常用于专业环境的不锈钢等材料，使家用厨房符合高度专业化的规范。另一方面，如果倾向于使厨房与屋内其他空间相协调（小复式等较为开阔的空间的概念中也会出现这种倾向），就有可能找到更多同时也适合过道或生活区域的模棱两可的元素。

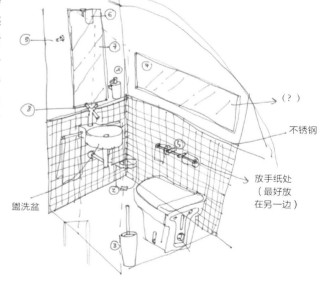

（？）

不锈钢

放手纸处
（最好放
在另一边）

盥洗盆

在浴室里，需要充分运用固定设备外的剩余空间。主要设施是盥洗盆和镜子，在其下方通常会有门或大抽屉，排水系统和控水装置安置在里面。

在家具行业中，允许创造新环境的是户外空间，如公园、屋檐下、露台等。无论它们是属于住宅环境还是公共空间，如酒店、康复区或者游乐场。

户外，开放的空间

随着这些空间的扩大，一整套新的产品目录应运而生，以解决室内家居环境中的典型用途需求。这一情况与完全适应外部条件的新材料如出一辙。

对于一些发生在户外的常见情况需要更谨慎的解决方案，因此，与简单地转换类型，修改和优化材料相比，转换这些用途的需求更大。

室外摇椅，加入背景图案来描述具体情形，帮助对象语境化，这不会影响视点的选择。

源自住宅内用途的转换，图中选择的环境有助于突出展示颜色。

渲染立面图将植物、长椅和顶部的环境融为一体，将公园的休息区整合在一起。由建筑师杰米·加维丽娅·科雷亚和朱利安·科雷亚·蒙索尔沃设计。

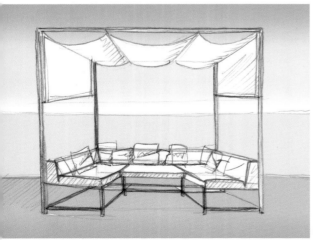

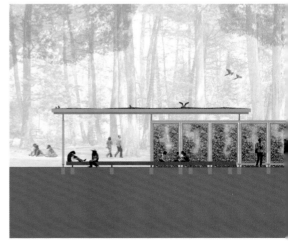

简单的户外长椅，构成典型的休闲空间。用简单的线条突出环境。之后用Photoshop上色。

其他特殊的家具元素，其中的人物和环境帮助对元素的理解。

移动性与惯例，新舒适策略的关键

想象一下，你置身于北欧或美国的一间舒适的乡间别墅入口处的长廊中。这是户外生活的惯例，要求在轻松舒适、阳光照耀的环境中闲谈、休息和享受。黄昏时分街坊邻居搬出椅子在户外惬意地聊天。

想象这些情况能够帮助我们诠释一些情绪，设计师能够通过这些情绪找到灵感，据此设想适合这些空间的物体应具有的恰当基调。对于家居环境中被定义为休息区和综合区的空间，室内和室外的传统界限通常很模糊。

首先，在最终的方案中，对于出现了超越我们理解的家具类型的整合空间，移动性和一定的临时性能够带来休闲的感觉。因此我们可以尝试寻找一种轻型结构，做成能够通过筛滤光线控制光照条件的微结构遮盖物，从而创造出具有清晰理念且能够提供最大舒适度和一定安全感的使用环境。

在表现这些概念时，可以添加背景照片或者绿色植被，将建筑风格和某些位置的参考情景真实呈现。

建筑物与家具融合成了个由绿植墙和野餐区组成的环境，结构明确，友好并连贯地参与环境。本图由建筑师杰米·加维丽娅·科雷亚和朱利安·科雷亚·蒙索尔沃提供，是供用户参考的资料的一部分。与数字渲染相比，手绘快速灵活，且风格鲜明。

办公家具

办公家具是工业生产中最具创意的领域之一。办公家具的革新与生产过程和材料的技术进步有关，但也与工作场所的新设定和情景有特别的联系。

这些新形式的空间组合是产生协同效应的关键，协同效应打破了传统的孤立的办公室的形象。这种改进是新通信技术发展的结果，它促使运用一种完全不同的方式来理解关系，甚至有时也是对工作场所的品质的改进。

空间专业化，创造隐私条件

目前，优先考虑空间的差异化使用，这样有助于每项工作都有自由创意的环境，有最佳的条件。因此，在公共环境中，保护隐私度和鉴别空间类型的工作变得尤为重要，而家具可以帮助创造这样的环境。可调节高度的桌子、方便随时开会的案几、巢式小型工作隔间、大型中央办公桌、亲切贴心的休息区等，可促进沟通的有效进行和创造力的完美发挥。

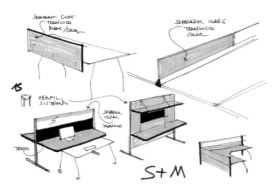
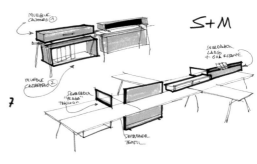

办公桌的几种配置，可根据工作需要进行选择和组合。图纸由安东尼·阿罗拉提供。

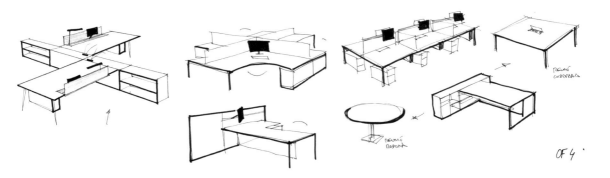

根据真实环境设计的产品

　　一个整体系统始于一个独特的想法，它可以生成不同的空间类型。为了实现这个想法，可以创建不同的情境，循序渐进地来实现。通过快速绘制图纸来探索方案的极限，将利弊一目了然地呈现。创建不同的情境可以帮助拓展方案和元素，使其具备整体感。

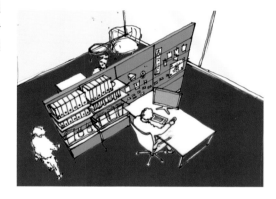

用Photoshop绘制的日常办公环境草图。图中的人物可以帮助评估家具的规模和交互关系。图纸由彭西工作室提供。

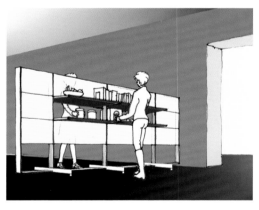

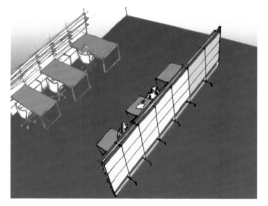

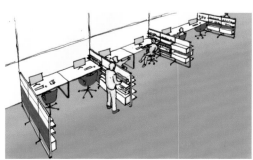

适用于多种公共空间的城市长椅，添加的人物可帮助估量尺寸和理解产品。

城市家具
及其不同种类

很大一部分城市家具是为特定的空间而设计的，后来变成了产品目录中的常客。

所以，建筑师和城市设计师通过设计特殊的产品装饰或突出公共空间的行为产生了双重影响：一方面，新生成的空间的丰富和差异化；另一方面，丰富了市场上产品类型，这些产品的技术已经得到改进，实现工业化。

在这些新元素的支持下，传统应用的创新版本改变了环境的多样化选择。

单一元素的新排列组合方案，这样，家具对空间的改变会显著影响用户的心情。图纸由彭西工作室提供。

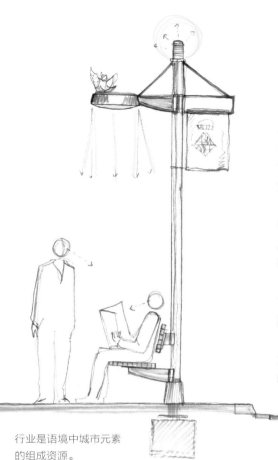

将环境作为可视的资源
产品的整合与使用

　　将家具放置在具体环境之中，有助于理解家具与城市空间的关系。有规划的环境或街道的平面图为产品提供了技术视角，同时也可以评估空间浪费和动态范围，以便在界定产品的规模时，提出有意义的分配意见。

　　人物是另一个相关元素，有助于建立与物体的比例关系。还可以传达使用的方法和态度，因为每个元素都带有个人色彩，会决定其类型和使用的特定环境。

　　树木和其他植物元素可以美化环境。它们可以遮风蔽日，是城市之肺，可以打破城市的距离感，使城市更加亲切友好。

　　在图纸中加入这些元素是很好的选择，因为它们为产品坚硬的线条补充了纹理和质感。表现植物很容易，可以为画面增添活力。

行业是语境中城市元素的组成资源。

石墨铅笔绘制的几种植物。特别的纹理可以与任何产品搭配。

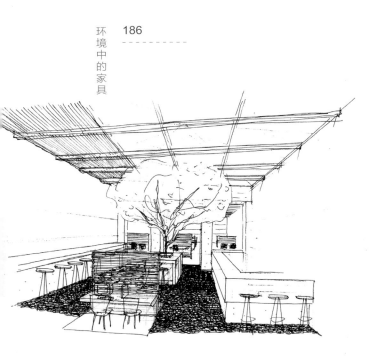

商业与乐趣：
创造空间识别性

新型的休闲购物中心已经成为刺激室内设计师和装潢师一展拳脚的场所。它们是品牌使用体验特性的基础，体现了品牌提供服务的意愿。在餐饮行业中，这些空间已经被通常在家居环境中进行的活动所取代。与朋友聚餐这一良好传统的具体形式已经变成了寻找新的美食和环境。特殊家具以及独特空间现已成为餐饮服务不可分割的一部分，因此在选择这些家具和空间时应考虑到这一点。

家具行业已经意识到这种情况，并为此开发出了广泛的产品，尽可能地适应人口密集的环境。对于专业人士而言，这就像是调色板，选择一件特定的家具不光要考虑其基础功能，更要考虑到家具的选择可以为整体环境增添价值。

用简单的线条表现项目的整体效果。把这称为室内设计也不为过，因为这构成了整体公司形象的另一个方面。

手绘空间图，后经电脑修改。颜色反转，用Photoshop加入光效，使环境表现统一和谐。

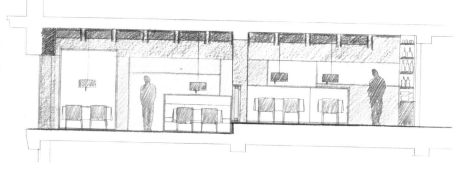

定义基础部分的局部图，可以将家具元素之间的关系和真实的环境呈现出来，而不会产生比例的扭曲。

创造舒适友好的环境

在家具设计中，集体想象中固定正式用语的存在构成了交流特定用途和参考的基础，但在全球范围内实施一个项目时，规范会对许多方面都有影响。有些方面是有形的，但另外一些方面则难以定义。例如，定义一个空间的光照条件或控制新增物体所有表面处理的一致性，需要拥有材料及材料组合相关规范方面的知识并在此规范基础上进行控制。除正确解决需求的严格计划之外，具有这些特点的项目还要求设计师在介绍解决方案时足够敏感，能够向寻求全球综合体验的客户传递明确的信息。

室内设计项目的实现包括一系列旨在定义和评估所做决策的实践。在平面图上添加不同视角和截面是为了捕捉对新增物体具有重要影响的空间，从而复制材料和环境条件并赋予新增物体统一的感觉，以感知项目的基调。

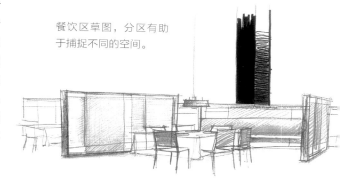

餐饮区草图，分区有助于捕捉不同的空间。

如照片般逼真的超市空间渲染效果图。将所有必须的元素都集成在一起，以此作为针对材料、视觉、质量和布局的练习。图纸由阿罗拉工作室提供。

188

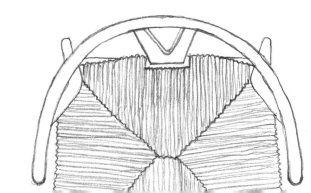

参考书目

• Bachmann, Albert y Forberg, Richard. Dibujo técnico. Editorial Labor, Barcelona, 1959.

• Eames, Charles. ¿Qué es una casa? ¿Qué es el diseño? "Colección GG Mínima", Gustavo Gili, Barcelona, 2007.

• Henry, Kevin. Dibujo para diseñadores de producto, de la idea al papel. Promopress, Barcelona, 2012.

• Izquierdo Asensi, Fernando. Geometría descriptiva. Editorial Dossat, 17.ª ed., Madrid, 1987.

• Koenig, Gloria. Eames, pioneros de la modernidad

a mediados del siglo xx. Taschen, Colonia, 2006.

• Lucie-Smith, Edward. Breve historia del mueble. Ediciones del Serbal, Barcelona, 1988.

• Maier, Manfred. Procesos elementales de proyectación y configuración. Gustavo Gili, "Colección GG Diseño", Barcelona, 1982.

• Panero, J. y Zelnik, M. Las dimensiones humanas en los espacios interiores. Gustavo Gili, Barcelona, 1997.

• Pey i Estrany, Santiago. El glosari del moble. Edicions Escola Massana, Barcelona, 2007.

• Powell, Dick. Técnicas de presentación, guía de dibujo y presentación de proyectos. Herman Blume, Madrid, 1986.

• Sembach, Klaus-Jürgen, Leuthäuser, Gabriele y Gössel, Peter. Diseño del mueble en el siglo xx. Benedikt Taschen, Colonia, Alemania, 1988.

• Serrazanetti, Francesca y Schubert, Matteo. La mano del designer. Proyecto propuesto por Fondo Ambiente Italiano. Editado por Moleskine, 2010.

VV.AA. Fremdkörper Design Studio. El mueble moderno, 150 años de diseño. H.F. Ullmann, 2009.

VV.AA. Alvar Aalto, objects and furniture design. Ediciones Polígrafa, Barcelona, 2007.

Zabalbeascoa, Anatxu. Todo sobre la casa. Ilustraciones de Riki Blanco. Gustavo Gili, Barcelona, 2011.

Observatorio de Tendencias del Hábitat. Cuaderno de tendencias del hábitat 2010-2011. Editado por ITC, AIDIMA y AITEX, Comunidad Valenciana, 2010.

致谢

感谢 Carles Riart 对我的关心、培养和专业性指导。

感谢 Fernando Amat 的支持和信任。

感谢所有支持本书编写、提出建议和提供图片的人士：Vicent Martínez，Antoni Arola，Alberto Lievore，Manel Molina，Jorge Pens，Constanze Schütz，Pau Borras，Martín Ruiz de Azua，Óscar Tusquets，Javier Mariscal，Josep Maria Tremoleda，Jaime Hayon，Jaume Tresserra，Martí Guixé，Gerard Sanmartí，Lagranja estudio，Jan Bayó，Christophe Mathieu，Sascha Bishoff，Jaime Gaviria Correa，Julián Monsalve Correa，Iván Carretero和Anna Goixens。

谨向以下为本书编写提供帮助的企业表示我由衷的感谢：Santa & Cole，Mobles 114，BD Barcelona Design，Punt Mobles，Figueras Design Centre，Sancal，Cosmic，Almerich，Fritz Hansen和Poggenpohl。

感谢 Imasoto，Color Confidence y Epson 的关心和帮助。

感谢 Tomàs Ubach 对本书编写提供的耐心和专业的指导。

感谢 Parramón Paidotribo 对我的信任和给予我的帮助。

最后，感谢我的家庭，感谢 Anna 和 Martí 的支持和理解。